GOLDMANN
Lesen erleben

Buch

Hochstapler, Pöstchenjäger, Inhaltssimulanten und Schlipswichser: Sie alle gehören zum Inventar einer ganz normalen Karriere von Frauen, die eigentlich nur eines wollen: die Aufgabe besonders gut und zuverlässig erledigen. Dabei treffen sie auf männliche Platzhalter, die sich mit allen Mitteln und auf Kosten ihrer Kolleginnen, durch den Büroalltag mogeln. Dafür sahnen Blender mehr Lohn ab und fallen auf magische Weise die Karriereleiter hinauf. Schonungslos entlarvt Roman Maria Koidl Strategien, Rhetorik und Taktik der Schaumschläger und erklärt, warum Frauen Blendern auch noch gern zuarbeiten, statt an die eigene Karriere zu denken. Ob im Beruf oder privat, wer die Tricks und Methoden der »Scheißkerle« durchschaut, hat mehr Erfolg im Leben!

Autor

Roman Maria Koidl wurde 1967 geboren. Er arbeitet als Publizist, war Dozent für Kommunikation und Wissenstransfer, ist Inhaber der Traditionsmarke MOST Schokolade und betreibt in Berlin die gemeinnützige Kunsthalle Koidl. Neben zahlreichen Publikationen und vier Büchern zu wirtschaftlichen Themen veröffentlichte er den Bestseller *Scheißkerle.* Roman Maria Koidl lebt in Zürich.

www.koidl.com

Von Roman Maria Koidl außerdem im Programm:

Scheißkerle (17246)

Roman Maria Koidl

Blender

Warum immer die Falschen
Erfolg haben

GOLDMANN

Alle Ratschläge in diesem Buch wurden vom Autor und vom Verlag sorgfältig erwogen und geprüft. Eine Garantie kann dennoch nicht übernommen werden. Eine Haftung des Autors beziehungsweise des Verlags und seiner Beauftragten für Personen-, Sach- und Vermögensschäden ist daher ausgeschlossen.

Dieses Buch ist auch als E-Book erhältlich.

MIX
Papier aus verantwortungsvollen Quellen
FSC® C014496
www.fsc.org

Verlagsgruppe Random House FSC® N001967
Das für dieses Buch verwendete FSC®-zertifizierte Papier
Classic 95 liefert Stora Enso, Finnland.

1. Auflage
Vollständige Taschenbuchausgabe September 2013
Wilhelm Goldmann Verlag, München,
in der Verlagsgruppe Random House GmbH

Umschlaggestaltung: Uno Werbeagentur, München,
nach einem Entwurf von Katja Maasböl
Umschlagillustration: Katja Maasböl
Satz: Uhl + Massopust, Aalen
Druck und Bindung: GGP Media GmbH, Pößneck
KW · Herstellung: IH
Printed in Germany
ISBN 978-3-442-17372-3
www.goldmann-verlag.de

Meinem Vater, Gerd

Jenem Fels, der
Brandung von Gischt
zu unterscheiden weiß

Inhalt

Vorbemerkung

Schon bei meinem letzten Buch *Scheißkerle – Warum es immer die Falschen sind* musste ich immer wieder die Frage beantworten, ob ich gar selbst ein »Scheißkerl« sei und wie es denn käme, dass ich so viel über dieses Thema wisse.

Die Berichterstattung macht den Reporter nicht gleich zum Gegenstand der Recherche, ein Krimiautor wird selten zum Mörder und ein Ratgeber für Gartenfreuden macht den Verfasser nicht zum Gänseblümchen.

Richtig ist, dass die Geschichten und Erfahrungen, von denen ich erzähle, der Realität entnommen sind und viele aus meinem weiteren Freundes- und Bekanntenkreis stammen. Namen und Orte sind natürlich verfremdet, die Geschehnisse jedoch manches Mal so bezeichnend, dass man sie nicht besser hätte erfinden können.

In diesem Zusammenhang möchte ich mich für die fast zweitausend Zuschriften auf mein letztes Buch bedanken. Sie waren und sind mir Quelle jener Einfälle, deren tiefere Wahrheit sich erst in ihrer Absurdität erschließt.

Roman Maria Koidl — Frühjahr 2012

Ich bin ein Sammler, ein Jäger,
ein guter Ernährer,
ein Schrauber, ein Dreher,
ein Ganz-früh-Aufsteher,
ein Broker, ein Seller,
ein Intellektueller,
ein Helfer, ein Heiler,
im Grunde ein Geiler.

Bin ein Schöpfer, ein Macher,
Beschützer, Bewacher,
ein Forscher, ein Retter,
adretter Jetsetter,
gestählter Don Juan,
ein Bild von einem Mann,
so stehe ich vor dir.

Roger Cicero,
»Zieh die Schuh aus«

Karriere machen immer die anderen

Dieses Buch beschäftigt sich vornehmlich mit der Frage, warum ausgerechnet gut ausgebildete Frauen in Beruf und Karriere von Männern überholt werden, die ihnen, an objektiven Leistungskriterien gemessen, klar unterlegen sind. »Frauen setzen auf Kompetenz, Männer auf gute Kontakte«, das ist der Eindruck, den viele Frauen im Berufsleben haben. Sie sehen schlechter ausgebildete Kollegen auf der Karriereleiter an sich vorbeiziehen und zeigen doch selbst beste Leistungen, sind sozial kompetent und meistens engagierter. Doch besonders wenn es um Top-Positionen geht, sind Männer noch immer in der deutlichen Überzahl. So grüßen morgens in der Kaffeeküche nach wie vor die weitverbreiteten männlichen Cheftypen, die man täglich im Büro so trifft. Vom »Wir müssen mal«-Mann über den »Schlipswichser« und »Bildungsblender« bis zu den »Intriganten«, »Durchstechern« und »Pöstchenjägern«. Nicht zu vergessen die ganz normalen Flachpfeifen und Flitzpiepen, die täglich neu versuchen, sich auf Kosten ihrer (arbeitenden) Kolleginnen durchzumogeln. Bezeichnend ist, dass es immer noch Frauen gibt, die ihren Kollegen bereitwillig die Arbeit abnehmen und sich in Meetings in den Hintergrund stellen, obwohl sie den ganzen Job erledigt haben. Dass sie bei der Beförderung dann Männern den Vortritt lassen müssen, ist die Konsequenz.

Sie mag durchaus beklagenswert sein, die oft inhaltsleere Rhetorik und Körpersprache, mit der Männer Macht und Führungsansprüche geltend machen. Doch müssen sich Frauen auch fragen lassen, warum sie diesen Typen als Steigbügelhalter zur Verfügung stehen, statt an die eigene Karriere zu denken.

Frauen verstecken sich andererseits auch gern hinter dem Pauschalurteil, dass sie gegen männliche Seilschaften keine Chance hätten. Wenn es um das Zuteilen von Aufträgen oder eine Neubesetzung geht, schließen Männer ihre Kolleginnen heute sicher nicht mehr pauschal aus, weil sie unter sich bleiben wollen. Vor allem junge Frauen glauben, eine besondere Form des »Artenschutzes« im Berufsleben nicht mehr nötig zu haben. Die Wohlfühlclubs der Frauennetzwerke bedeuten ihnen nichts. Nicht ganz zu Unrecht, denn diese Beifallschöre der Mittelmäßigkeit kranken oft genug daran, dass dort gleiche Probleme auf gleiche Lösungen treffen. Viel wichtiger wäre es dagegen, Männerbünde aufzumischen und dort nach förderlichen Kontakten zu jagen. Wahr ist aber auch: Frauen bleiben von sich aus gern unter sich, sie wollen es allein schaffen und sind deutlich zurückhaltender im Herstellen, schlimmer noch, im Nutzen sozialer Kontakte für die eigene Karriere. Während Männer beim Networking vor allem »Arbeit« im Kopf haben, hören Frauen »sozial«. Männer realisieren »Nutzen«, wo Frauen »Ausnutzen« empfinden. Frauen verstehen die

Teilnahme an einem Firmen-Event grundsätzlich eher als Arbeit, während es Männern gemeinhin schon von jeher egal war, wo und mit wem sie sich volllaufen lassen. Ein Feierabendbier mit Freunden ist auch nichts anderes als eines mit Mitarbeitern. Ein Kollege ist eben irgendwie auch ein Kumpel, und gemeinsam zu trinken verbindet, genau wie so manche andere Freizeitaktivität zur Entspannung. »Buddying« nennen die Amerikaner diese Art der systematischen und über Jahre gepflegten Beziehungsbildung, bei der die Grenzen zwischen Privatem und Geschäftlichem für Männer viel offener sind, viel weniger festgelegt als für Frauen. Wenn es an der Bar im Konferenzhotel gegen 23 Uhr etwas lockerer wird, gehen Frauen auf ihr Zimmer. Das hat gute, nachvollziehbare Gründe. Doch gerade dann beginnt es erst richtig, das Geschacher um Posten, Verantwortung und Zuständigkeiten. Von der verbindenden und verbindlichen Wirkung von Abenden zum Beispiel in Saunaclubs, auf einem schweißgetränkten Handtuch mit dem Chef, dem Großkunden, dem Auftraggeber, ganz zu schweigen. Männer lernen diese Formen der Kontaktpflege sehr früh und in vielfältigster Weise. Es beginnt in der Schule, in Vereinen, dem Militärdienst und zieht sich über die Studentenverbindung bis in die spätere Mitgliedschaft in Clubs, Logen und Vereinen wie Rotary oder Round Table. Frauen sind dort – wenn überhaupt – oft nur in der Rolle der Gattin beim Damenprogramm gelitten. Mit am Tisch sitzen sie auch heute noch nicht. Selbst die Art der Kommunikation, die in diesen elitären Gruppen nach Dienstschluss herrscht, ist Frauen im wahrsten Sinne des

Wortes unverständlich. Die Buddys sprechen nämlich eine Body-Sprache. Das ist eine Sprache unterhalb des Small Talks, während Frauen eines höheren Bildungsniveaus in der Regel den High Talk, eine Sprache oberhalb des Small Talks, bevorzugen, und das zur Verwunderung der meisten Kerle sogar nach 18 Uhr. Es gibt also drei Ebenen. Für Frauen, insbesondere im beruflichen Kontext, wird Klatsch und Tratsch bei einem Small Talk ausgetauscht, gesellschaftliche Themen, Familiäres, Beziehungsgespräche, Informationen, Sach- und Fachwissen findet bei Frauen im High Talk statt. Man hat ja schließlich studiert und bevorzugt grundsätzlich die oberste Ebene, beim Klatsch wenigstens die mittlere. Männer hingegen setzen sich auch auf höchsten Stufen des persönlichen Umgangs gern auf der untersten Ebene, also körperlich, auseinander. Deswegen ist Sport in der Gruppe bei ihnen so beliebt. Nicht nur dort wird ein sinnloser Einwand schon einmal mit einer abwertenden Geste, einem Mittelfinger oder einer unpassenden, rüden Bemerkung geradezu körperlich »abgewürgt«. Während Männer selbst bei Vorgesetzten auf dieser körperlichen Ebene kommunizieren, geraten Frauen viel zu oft in eine nicht zu gewinnende, inhaltsgetriebene High-Talk-Diskussion, durch die sie beim Bierabend im Kollegenkreis leicht als Spielverderberin, Zicke oder Streberin im gesellschaftlichen Aus landen. Die Abweisung kommt dann schnell mal wie ein persönlicher Angriff an, ist es aber nicht, sondern sie gehört zu einer fast körperlichen Form männlicher Auseinandersetzung. Die wollen nix Böses, die wollen nur spielen. Wer je eine Frau beobachtet hat, die einen unfairen »körperlichen Angriff«, sagen wir im Sportverein, zutreffend durch eine körperliche Antwort wie »Zunge rausstrecken« erledigt hat, konnte gewiss auch beobachten, wie die beteiligten Kerle, auch der Angreifer selbst, auf einmal sogar Anerkennung zollten und die Mitspielerin nahtlos in das Team integriert und das Spiel fortgesetzt wurde. Es geht oftmals weniger um Konfrontation zwischen Mann und Frau als vielmehr um das Beantworten des Gesagten auf der richtigen Ebene. Die Qualität der Ansprache fordert eine gleiche, möglich ist auch eine niedrigere Ebene der Antwort. Eine höhere Ebene führt hingegen ins Abseits, und das in hundert Prozent der Fälle.

Männer sind Meister darin, jemandem, der ihnen völlig gleichgültig oder gar unsympathisch ist, das Gefühl zu geben, er sei anerkannt und geschätzt. Das gehört fast schon zum professionellen Habitus, nicht nur bei Verkäufern und Vertriebsmitarbeitern. Frauen hingegen ist die Mechanik des eigennützigen, von rein opportunistischen Motiven geprägten »Gebens und Nehmens« nicht nur fremd, sondern mitunter sogar zuwider. Für sie bleiben persönliche Beziehungen zu anderen Menschen, die ihnen nicht unbedingt sympathisch sind, dann außerordentlich fragil, wenn sie nicht sogar ganz ausgeschlossen sind. Frauen lehnen es meist ab, ihre (private) Zeit mit jemandem zu verschwenden, den sie nicht schätzen oder der sie nur wenig interessiert. Männer hingegen greifen nach Jahren problemlos auf den schuldigen Gefallen eines gähnend langweiligen IT-Nerds zurück, dem sie vor Jahr und Tag Einladungskarten für die ganze Familie in einen Freizeitpark beschafft haben, wie Michael Douglas im Hollywood-Blockbuster *Disclosure* (»Enthüllung«).

Ein System aus unsichtbaren Tickets und Gutscheinen, man könnte auch sagen Beziehungsschuldverschreibungen. Diese emotionalen Obligationen ziehen sich für Männer durch ein ganzes Berufsleben. In der Regel sind es keine materiellen Zuwendungen, viel öfter das vorgegaukelte Gefühl, akzeptiert oder gemocht zu werden, einer Gruppe zugehörig zu sein oder kleinere Hilfestellungen zu bieten, von denen man weiß, dass man in Monaten oder Jahren selbst problemlos auf sie zurückgreifen kann.

Darüber hinaus stehen Männerbünde im härtesten Wettbewerb zusammen, halten gerade jene Kerle, die sich ansonsten keinen Millimeter gönnen, beieinander. Du kannst einen Mitstreiter in deinem Team für einen Vollpfosten halten – droht ein Angriff von außen, wird zusammengehalten. Da lebt das früh gelernte Männerbündnis aus Schule und Studium schnell wieder auf. In vergleichbaren Situationen neigen Frauen dazu, sich gegeneinanderzustellen und zu versuchen, die andere auszustechen. Einmal oben angelangt, sehen sie nur noch wenig Sinn darin, kostbare Zeit aufzuwenden, um andere, insbesondere andere Frauen, zu fördern. Für Männer ist das schon in frühen Jahren eine Art Job-Roulette. Findet man einen, den man fördert, auf den man im wahrsten Sinne des Wortes setzt, dann könnte es in ferner Zukunft Prestige, Ansehen, Einfluss und Macht bedeuten, wenn der geförderte Schützling, Freund oder Kollege aufsteigt und gewillt ist, den langjährigen Wegbegleiter »mitzunehmen«. Das ist bei Frauen offenbar grundlegend anders. Sie stehen miteinander nicht wie Männer im offenen Wettbewerb und sehen diesen erst recht nicht spielerisch-kämpferisch. Die Auseinandersetzung um die besten Plätze läuft subtiler ab und ist wegen der verdeckten Vorgehensweise von deutlich größerem Misstrauen geprägt.

Das Bilden von Seilschaften hat für Frauen beinahe etwas Unredliches, etwas Manipulatives. Schlimmer noch, der eigene Erfolg wird als unethisch empfunden, wenn er einem durch ein gutes Netzwerk, beste Kontakte einfach so »zufällt« und nicht »hart erarbeitet« wurde. Professionell ist, wenn man es sich »ehrlich verdient« hat. Gäbe es noch Fleißkärtchen, Frauen würden sie sammeln.

Weibliche Mitarbeiter möchten in der Regel lieber »entdeckt« werden, arbeiten im Hintergrund und scheuen den direkten Wettbewerb, der ihnen nicht zuletzt als von männlichen Manipulationen und Macho-Imponiergehabe durchsetzt scheint. Das macht sie jedoch nicht minder ehrgeizig. Studien weisen immer wieder nach, dass Mädchen in der Schule etwas besser abschneiden als Jungs, öfter Abitur machen sie ohnedies. Und so stehen die »Vielleichtchen« des Berufsalltags in einer Mischung aus Ekel und Fassungslosigkeit schnell im Abseits, wenn die vor unverschämtem Selbstbewusstsein strotzenden, ehrgeizigen »Goldjungs«, wie die Schweizer Kolumnistin Birgit Schmid diese Kategorie Mann nennt, bei Firmen-Events und anderen offiziellen Anlässen um den Chef herumtanzen. Mit dem Impetus der Überzeugung, noch nichts Wesentliches geleistet zu haben, aber in Zukunft sicher etwas ganz Großes zuwege zu bringen, hofieren sie mit ihren spitz zulaufenden Schuhen, geschniegelten Haaren und dunklen Anzügen (schmale Krawatten, ein Muss!) in einer Mischung aus Servilität und Virilität jeden, der halbwegs Aussicht auf Karriere und Fortkommen bietet. Während Frauen eine solche Attitüde als übertrieben und peinlich empfinden würden, legen die »Boys« dann gern noch mal nach. Da kann es schon passieren, dass so ein Testosteronhengst im zweiten Berufsjahr der Unternehmensleiterin einer Tochtergesellschaft mit fünfhundert Leuten breitbeinig erklärt, wie »der Markt« so funktioniert. Wer das für übertrieben hält, sehe sich nur die Heerscharen von »Consultants« an, die als Studienabgänger auf Großkonzerne losgelassen werden, wo zumeist junge Männer, so mit Anfang dreißig, sich bevorzugt in »Strategieberatung« betätigen. Vulgo: viel reden ohne die Verpflichtung, die Thesen und Aussagen substanziell belegen zu müssen.

Mrs Excel geht es in der Regel um (eigene) Inhalte, Mr PowerPoint darum, Inhalte – von wem, ist relativ egal – bestmöglich zu präsentieren. Es ist die Schonhaltung einer professionell deformierten männlichen Leistungselite: Je besser man sich darstellen kann, desto verzichtbarer ist das arbeitsaufwendige Erarbeiten von Ergebnissen mit all seinen Details, Recherchen, Grundlagen. Details seien seine Sache nicht gewesen, urteilte der Nachfolger des deutschen Verteidigungsministers in der Presse über seinen Vorgänger. Inhalte seien nicht wirklich produziert, diese dafür aber umso geschmeidiger in der Öffentlichkeit verkauft worden, geschniegelte Haare und wahnsinnig gute

Schuhe inklusive. Der öffentliche Skandal über den Absturz des Spitzenpolitikers wegen einer in großen Teilen abgeschriebenen Dissertation war deshalb von Relevanz, weil es hier um einen Betrug ging, der im Kleinen zum täglichen Erleben in Büros und Betrieben gehört. Und so lag ein wenig Genugtuung als Schatten der Erlösung über all jenen, die immerfort aufs Neue versuchen, mit Substanz, Inhalten und Leistung zu punkten, und sich von Blendern aus der selbsterklärten ersten Reihe um ihre Leistung betrogen sehen.

In meinem Schokoladen-Unternehmen bin ich selbst irgendwann dazu übergegangen, gar keine Männer mehr einzustellen. Wann immer ein männlicher Kollege auf gleicher Ebene neu in eine Arbeitsgruppe hinzukam, versuchte er zunächst mit großer Geste und reichlich Aufwand, den dort bereits seit längerem erfolgreich tätigen Damen klarzumachen, er sei nun der Chef. In Gesprächen mit Vorgesetzten ging es für den Neuen dann zumeist um Themen wie den Firmenwagen, den richtigen Titel auf der Visitenkarte oder darum, ob es nicht doch das kleine Konferenztischchen sein dürfte, das eigentlich nur Führungskräfte für ihr Büro erhielten. Bis der selbsternannte Leistungsträger zum Arbeiten kam, hatten die weiblichen Teammitglieder das Projekt längst erfolgreich abgeschlossen und sahen sich nun mit der Forderung des Neuen konfrontiert, die Ergebnisse der Geschäftsleitung vortragen zu wollen.

Doch statt sich wie die »Goldjungs« selbst hinzustellen und zu sagen »Ich bin die Beste«, neigen Frauen dazu, sich in der Kaffeeküche zu verstecken und der Konfrontation mit dem Firmen-Uga-Uga auf dem Pavianhügel der Silberrücken aus dem Weg zu gehen. Wer einmal beobachtet hat, wie unterschiedlich Männer und Frauen zu spät in eine bereits laufende Sitzung kommen, kann an dieser Theorie keinen ernsthaften Zweifel mehr hegen. Während ein Mann die Tür aufreißt, deutlich vernehmbar den Raum betritt, sich wahrscheinlich mit einem Klopfen auf den Konferenztisch – »Ich mach mal so *(klopf-klopf)* in die Runde« –, dem Gruß der unteren Führungsebene, vorstellt, öffnet eine Frau die Tür ganz besonders leise und drückt sich so nah am Rand des Konferenzzimmers bis zu einem freien Stuhl entlang, dass man meinen könnte, die Raumpflegerin sei da, um die Wand großflächig mit der eigenen Bluse abzuwischen.

Eine Studie der Universität Innsbruck belegt, dass schon dreijährige Mädchen weniger bereit sind, in den Wettbewerb mit Jungs einzutreten, als in den mit anderen Mädchen. Ein Verhalten, das sich bis ins Erwachsenenalter nachweisen lässt. Frauen wollen aus der Introjektion ihrer kindlichen Erfahrungen die Beste, die Schönste, die Einzige sein, sie wollen geliebt und beantwortet werden. Wertvoll ist diese Beantwortung der eigenen Person jedoch nur, wenn sie unaufgefordert erfolgt. Danach zu fragen verbietet sich. Es fühlt sich ungefähr so an wie die Frage an den eigenen Partner »Liebst du mich?«, die Frauen gemeinhin als Bankrotterklärung des eigenen Status in einer Beziehung werten.

Zur Verteidigung der geplagten Leistungsträgerinnen muss gesagt werden, dass die in der Regel von männlichen

Führungskräften dominierte Arbeitswelt mit massiven Mobbing-Angriffen straft, wenn Frauen sich mit männlichen Verhaltensmustern in den Vordergrund spielen. Hinter vorgehaltener Hand beginnt eine subtile Abwertungsmaschinerie, die diese Frauen als verbissen, karrieregeil oder hart herabwürdigt. Das Überraschende ist, dass es oft gar nicht, wie man voreilig meinen könnte, Männer sind, die mobben. Die zielen einfach auf jeden, der sich ihnen in den Weg stellt, geschlechtsunabhängig und unpersönlich. Vielmehr ist es das Urteil anderer Frauen in der Firma, der Abteilung, des Teams, das diese schmerzhaften Stiche aussendet. Stiche als persönlich gemeinte Antwort auf das Abweichen von einer Norm, die wohl von Männern gemacht wurde, aber auch von Frauen gelebt wird. Alice Schwarzers Ruf aus den sechziger Jahren nach Schwesterlichkeit erscheint gerade jenen im Beruf stehenden jungen Frauen als Anachronismus einer Rentnerin, der bereits vor zwanzig Jahren verhallte.

Dass fünfzig Jahre Emanzipationsbewegung nur unwesentlich zur Gleichberechtigung auf Führungsetagen beigetragen haben, zeigt sich auch in harten Fakten. In den Vorständen der dreißig deutschen DAX-Unternehmen sitzen 182 männlichen Kollegen nur vier Frauen gegenüber. Insgesamt sind weniger als 2 Prozent der Vorstände deutscher Aktiengesellschaften weiblich. Damit rangiert eine der stärksten Volkswirtschaften der Welt auf einem Niveau mit Indien, weit abgeschlagen hinter Brasilien, China und Russland. Nicht einmal Unternehmen im Staatsbesitz schneiden hierzulande besser ab, wie das Beispiel Deutsche Bahn belegt. Dabei kann unsere Ökonomie schon lange nicht mehr auf die Potenziale weiblicher Führungskräfte verzichten, mithin auf rund 50 Prozent unseres bestens ausgebildeten Führungskräftenachwuchses. Aber bis es dazu kommt, dass Frauen tatsächlich gleichberechtigt mit Männern an der Spitze von Unternehmen stehen, könnte noch ein halbes Jahrhundert vergehen, wenn die Quote nicht gesetzlich eingeführt wird, so EU-Kommissar Michel Barnier. Das wären drei verlorene Generationen von talentierten, ehrgeizigen und ambitionierten jungen Frauen, die zu Recht nicht verstehen können, warum sie ihre Qualifikation nicht in höheren Positionen zum Einsatz bringen können. Immerhin hat Frankreich, das Heimatland Barniers, inzwischen ein Gesetz auf den Weg gebracht, das französische Konzerne ab 2017 verpflichtet, 40 Prozent der Aufsichtsratspositionen mit Frauen zu besetzen. Die Forderung der jungen deutschen Bundesfamilienministerin Kristina Schröder nach einer Verpflichtung zur Selbstverpflichtung ist tatsächlich so sinnvoll, wie die Frösche zu bitten, den berühmten Sumpf trockenzulegen.

Im vorliegenden Buch geht es jedoch weder um Wehklagen noch um larmoyante Gesellschaftsanalyse. Es geht vielmehr um das eigene Selbstverständnis, die Entschlüsselung der täglichen Rollenspiele im Privaten wie im Beruf, die Erklärung ihrer Ursprünge und darum, wie man männliche Strategien erkennt, um eine durchaus weibliche Erfolgskarriere zu machen.

Deshalb steigen wir sie hinauf, die Karriereleiter der Blender, vom Abteilungsleiter über das mittlere Management bis zu den Vorständen. Aber beginnen wir die Geschichten aus Büros, Betrieben und Unternehmen dort, wo die *Scheißkerle* endeten – mit der Suche nach wahrer Liebe, die nirgendwo häufiger gefunden wird als unter Kolleginnen und Kollegen, also im Beruf.

Blender auf der Karriereleiter

Angestellte
Der Konjunktiv-Mann

Mirko ist ein Mann, der Leiden schafft. Er ist neununddreißig und Angestellter in einem Konzern für Bürosysteme, ohne weitere Aufstiegschancen, also Inhaber einer Karriere, die irgendwo zwischen narkotisiert und perspektivlos zu verorten ist. Gut an seinem Job sind jedoch zwei Dinge: Die Firma bietet vielen weiblichen Leistungsträgern Chancen, was Mirko recht eigennützig für sich zu nutzen weiß, und er hat einen Job im Außendienst, was ihm Freiräume verschafft. Abzurechnen gibt es zudem auch immer etwas. Mirko hat sich in der Wohlfühlzone eines Konzerns eingerichtet, den er im weitesten Sinn als Jagdgebiet für amouröse Anbandelungen versteht. Er ist groß und starrt auffallend oft nach unten. Seine Kolleginnen hielten das anfänglich für Schüchternheit, bis sie darauf kamen, dass Mirko grundsätzlich Brüste anstarrt. Dabei ist es egal, ob die Betreffende gerade ihre Ausbildung in seiner Abteilung begonnen hat oder in geselliger Runde in den Ruhestand verabschiedet wird. Es ist ein Zwang, ein Reflex, den er nicht unter Kontrolle hat.

Männer, die es sich in der Wohlfühlzone eines Unternehmens bequem gemacht haben, erkennt man an dem zur

Meisterschaft geführten Leben im Konjunktiv. Es sind die »Man sollte«-, »Man müsste«-, »Man könnte mal«-Kollegen, die sich schon lange von der Realisierung von Plänen, Projekten und Perspektiven verabschiedet haben und in einer Welt der inhaltsleeren Ankündigung eines längst begrabenen Selbst leben. Mirko ist ein beruflicher Konjunktiv-Mann mit reichlich Zeit dafür, nach alternativen Betätigungsfeldern zu suchen. Sein Lieblingssatz ist: »Man müsste einen Puff aufmachen.« Aber dazu hat Mr Balls nicht die Eier. Nach oben geht's im Job für ihn schon länger nicht mehr. Seitlich, in anderen Funktionen des Unternehmens, wo sich ihm vielleicht Aufstiegschancen böten, kann man keine Spesen abrechnen, und wer will schon nach unten? In Ermangelung von Aufgaben hat Mirko deshalb seine Freizeitbeschäftigung professionalisiert: Kolleginnen flachlegen. Die Erfolge hält er in einem ausgeklügelten Punktesystem fest. Praktikantin, geringer Schwierigkeitsgrad, ein Punkt, Auszubildende, ebenfalls geringer Schwierigkeitsgrad, zwei Punkte, Kollegin, zwei Punkte. Vorgesetzte, drei Punkte, Abteilungsleiterin, sieben Punkte, Frau vom Chef, höchster Schwierigkeitsgrad, zehn Punkte und damit volle Punktzahl. Das höchste der unsentimentalen Gefühle ist der sogenannte »High Mile Club«, HMC genannt. Die Punktezahl bemisst sich nach der Flughöhe. Wer mag, kann sich in einem gleichnamigen Onlineportal mit seinem Score als Senator auch ohne spermizide Goldcard verewigen. Frauen wären entsetzt, wenn sie wüssten, wie viele Männer kleine Büchlein führen oder Slips in Kartons sammeln, um ihre Jagderfolge zu dokumentieren.

Mirko hat kleine Büchlein nicht nötig, er arbeitet mit einer »Access Datenbank«. Seine Kolleginnen, die er andauernd bei irgendetwas am Computer um Hilfe bittet, haben nicht die leiseste Ahnung davon, dass Mirko überhaupt weiß, was «Access« ist. Mit diesem Programm hat Mirko eine kleine Software aufgesetzt, die ihm Informationen, Erlebnisse und Erfolge zu seinen Amouren auflistet. Und die sind zahlreich. Denn obwohl Mirko in seinem Job die innere Emigration pflegt und nur das Notwendigste unternimmt, um ihn nicht zu verlieren, braucht er das Neue, die Veränderung, den Wechsel als täglichen Kick. Mirko geht es um ein müheloses Leben. Sein Lieblingsbuch ist Milan Kunderas *Die unerträgliche Leichtigkeit des Seins*, und sein Credo lautet »Freiheit«, auch wenn er die nur nach außen simuliert und in einem Anschein dessen sucht, was er selbst für ein freies Leben hält: sich nicht einengen lassen, tun und lassen, was man will, und dabei vor sich selbst den Eindruck erwecken, man sei in seinen Entscheidungen, der Art, wie man das eigene Leben führt, unabhängig. Feste Beziehungen kann Mirko gar nicht eingehen, er summt von einer Blüte zur nächsten, und wenn er doch einmal eine Frau findet, die er mag und zu der er sich besonders hingezogen fühlt, wird er es nicht unterlassen, ihr seine Vorstellungen von Swingerpartys, Partnertausch und »MMF« vorzutragen, der sexuellen Konstellation Mann-Mann-Frau, oder »FFM«, Frau-Frau-Mann, also wenigstens den »flotten Dreier«. Darf es auch ein bisschen mehr sein? Das ist nicht nur in der Metzgerei der Schlachtruf der Fleischeslustigen. Der Mann aus dem Vertrieb liebt das

Wort »Polyamorie«, in ihm sieht er die Kondensation seines Erlebnishungers, nach Abenteuern voller neuer Reize und Spannung. Auf Frauen wirkt er deshalb in der Regel sehr attraktiv. Er ist der richtige Kollege im Unternehmen für einen Seitensprung, wenn es mit »Papi« nach vier Jahren auf dem Sofa etwas langweilig geworden ist. Er wird seine neue Flamme mit zum Indoor-Klettern nehmen, Wochenendreisen planen, beim ersten Date in seiner Wohnung Rosenblätter verteilen und überall Kerzen anzünden. Da ihm richtige Gefühle weitgehend fremd, ja fast unheimlich sind, bedient er sich des Pathos, der Sentimentalität, einer aus Film und Fernsehen geliehenen Romantik. Die leicht überzogene Theatralik, die er nicht immer treffsicher beherrscht, seine auf Wirkung und Effekt angelegte Persönlichkeit und der große Gestus könnten ihn verraten, wenn die umschwärmten Frauen sich nicht in der Idee verlieren würden, es hier nun endlich mit einem Mann zu tun zu haben, der ihnen die Liebe buchstabieren kann, der es versteht zu faszinieren. Wer leise Kritik an ihm äußert, ist ja »nur neidisch« auf diesen attraktiven Mann. Die Kollegen können im Zweifel gar nicht nachvollziehen, von wem die Zimmernachbarin da so begeistert redet, denn privat ist Mirko ja tatsächlich viel spontaner als im Büro, kreativ sogar, und steht mit seiner Kontaktstärke schnell im Mittelpunkt, was die Frauen, die ihn umgeben, mit einem gewissen Wohlgefallen zur Kenntnis nehmen. Seine große Angst ist, mit neununddreißig schon zum alten Eisen zu gehören, und so ist er regelmäßig auch im Internet auf der Suche nach Eroberungen, hat sich unauffällig in einer Tagesklinik nach Botox und Haartransplantation (Motto: »Nur keine Scham«) für Männer erkundigt, liebäugelt mit einem alten Porsche Carrera und kauft »Regaine«, ein Mittel gegen hormonell bedingten Haarausfall, gleich literweise in der Apotheke.

Auch wenn er seine Kumpel abends an der Bar mit großem Gejammer anderes glauben machen will, der berufliche Aufstieg ist nicht sein Ding, seine Position im Vertrieb ist für ihn Gold wert. Mirko hat seinen Job in maximal vier Stunden am Tag im Griff, in der überschüssigen Zeit kann er bestens seine hysterische Angst vor der Vergänglichkeit ausleben und sich von einem Liebesabenteuer ins nächste stürzen. Denn Mirko hat seinen Abenteuern eine professionelle Struktur gegeben, die er aus seinem beruflichen Kontext als Vertriebsmitarbeiter abgeleitet hat. Der Verkäufer von Kopiermaschinen ist ein sogenannter »PUA«, ein Pick Up Artist. Denn, davon ist Mirko überzeugt, Liebe ist auch nur ein »Job«, und irgendeiner muss ihn ja machen.

Wie wenig es Männern um die Sache gehen muss, um ein Ziel zu erreichen, kann man wunderbar an der Art und Weise ablesen, wie sie das Thema Liebe für sich professionalisiert haben. Im Rausch royaler Hochzeitsmeldungen fragte eine britische Frauenzeitschrift zur Vermählung von Prinz William und seiner Kate etwas hinterlistig, ob es denn ein zielführendes Konzept sein könne, eine Beziehung wie eine Firma zu führen. Wer stellt so unromantische Fragen? Natürlich ein Mann. Ein englischer Kolumnist gab zur »Hochzeit des Jahres 2011« einen ungewollt komischen Einblick in Männerträume – geheimer Wunsch von Männern war es schon immer, zu rationalisieren, was irrational erscheint, Gefühle zu managen und in jene Welt zu überführen, die Männern vertraut ist: Technik und Beruf. Vor Emotionen haben die Meister der linken Gehirnhälfte weit mehr Angst, als Frauen es sich überhaupt vorstellen können. Und so ist der Versuch, Ordnung in den Gefühlsladen zu bringen, schon in einer Beziehung angelegt, bevor es überhaupt so richtig losgeht.

In Seminaren, Internetforen und Büchern erklären selbsternannte »Alpha-Männer« mit klingenden Pseudonymen wie »Mädchenverführer«, »KingKoitus« oder »TheMystery«, durch welche Techniken und stupide einstudierte Sprüche Frauen von ratsuchenden »Betas« schon beim ersten Date »erlegt« werden können. Hunderttausende sind in diesen Foren organisiert, so unglaublich das ist. In einer Szene, von der die meisten Frauen noch nicht einmal gehört haben – den sogenannten Pick Up Artists (PUA). Wer das nicht glauben will, muss sich nur die Ratgeber ansehen, die derzeit die Bestsellerlisten bevölkern: *Der Bro Code, Das Playbook* oder *Master dein Opening*. Sie können auf den PUA-Kongress gehen, der im letzten Jahr erstmals in Berlin stattfand, sich PUA-Schulungsfilme ansehen oder im PUA-Training lernen, wie man professionell eine Frau verführt. Natürlich gibt's eine Erfolgsgarantie – und eine schöne Urkunde obendrauf. Nur das Rückgaberecht der »erlegten« Frauen ist bisher offenbar ungelöst.

Die Szene der Pick Up Artists besteht ausschließlich aus Männern. Eine *Gemein*schaft von Kerlen, die, höflich gesagt, nicht die hellsten Lampions am Kindergeburtstag sind. Und immer dann, wenn Männer intellektuell oder emotional überfordert sind, bedienen sie sich zweier Sprachen, die kaschieren sollen, dass sie von Tuten und Blasen keine Ahnung haben: entweder des pseudotechnischen Vokabulars oder Wörtern aus dem Pool der Gesetze und Paragraphen. Tendenz: Je weniger Ahnung, desto mehr. Und so haben auch die PUAs eine eigene Sprache entwickelt, die in ihrer ganzen Mittelmäßigkeit nur eines ausdrückt: Hilfe, wo ist mein *Yps*-Heft? Der selbsterfundene Code der Aufreißer ist voller Akronyme wie »nc« »3sR« »AA« und »EC«. Dahinter verbergen sich sogenannte Grundbegriffe wie Number Close (die Telefonnummer einer Frau bekommen), Drei-Sekunden-Regel (nie länger als drei Sekunden warten, bis man eine Frau anspricht), Approach Anxiety (Angst vor der Kontaktaufnahme). Auch beliebt: selbsterfundene Anglizismen wie »freeze-out«, »rooting« oder »master opening«, um sich dem unbekannten Kriegsgebiet der Verführung taktisch-strategisch zu nähern, für den Job des Aufreißens versachlicht übersetzt in eine technische Männersprache. So rät KingKoitus in einem Blogtext voller Rechtschreibfehler, man solle stets »IoIs« (Items of Interest), also Zeichen von Interesse seitens der »HBs« (Hot Babes), abwarten, bevor man zum »kiss close« (Knutschen) übergeht. Und wenn es nicht geklappt hat, dann (Analyse!) fehlte es wahrscheinlich am DHV (Demonstrate Higher Value). Das sind komplizierte Worte für das, was hier zum Ausdruck gebracht wird. Gemeint ist doch einfach: »Kleines, ich bin etwas Besseres, du musst es nur noch kapieren.« »Danach«, so KingKoitus, »kann man 'ne Magic/DHV/Mental-Routine auspacken und schon läuft das Ganze ... aber LEUTE vergesst bitte NIEMALS den FTC am besten in Kombination mit BR. Ohne diese Elemente seid ihr nur einer von vielen, die versuchen Frauen aufzureißen.« Alles klar?

Das Thema hat Relevanz, weil »Frauen aufreißen« hier mit jenen Strukturen von männlicher Manipulation, Mobbing und Übervorteilung vergleichbar ist, wie wir sie täglich im Büro erleben. Sogar die Typen sind die gleichen. Seinen Ausdruck findet dieses Verhalten in der verbalen wie nonverbalen Kommunikation. Je weniger Wissen und echte Kenntnis der Materie ein Blender hat, desto größer ist sein Bedürfnis, dies durch eine hermetische Sprache, einen abgeschlossenen Code zu verschleiern und sich über die selbsterfundene Pseudowissenschaft in Charts, Meetings und Businessplänen selbst dann noch zu überhöhen, wenn sich längst ein Abgrund an Unwissenheit aufgetan hat. Zusammengefasst: Sprachliche Inkontinenz folgt fachlicher Inkompetenz. Bevorzugt angewendet in den Bereichen Investment Banking, Consulting, Vertrieb und natürlich im gummiweichen Segment: Kommunikation. Die von der Pick-Up-Szene herangezogenen Schriften haben folgerichtig den sprachlichen Charme von Do-it-yourself-Trabbi-Fahrzeugreparaturbüchlein, wie man sie manchmal noch auf Flohmärkten findet. Heute gibt es diese Bücher quasi als Frauenbetriebsanleitung für schaltkreisgestörte Klapskallis, sich endorphin betankt unter jede beliebige Frau zu legen. Handwerk hat wieder Zukunft!

Die Sache klingt jedoch humorvoller, als sie es eigentlich ist, und der Kreis der faszinierten Jünger dieser Pick-Up-Bewegung ist weit größer, als einem lieb sein könnte. Abgeleitet sind die Methoden des Pick Up aus den längst überholten Verkaufstrainings der achtziger Jahre. So hatte auch Mirko seine Erfahrungen beim Aufreißen von Frauen aus Firmenseminaren und Verkaufsschulungen zur sogenannten Neurolinguistischen Programmierung (NLP) abgeleitet, einer mehr als zweifelhaften Technik, das Gegenüber in einer Verhandlung durch das eigene Verhalten zu beeinflussen. Es funktioniert, verkürzt gesagt, indem man Körperhaltung, Sprache oder Mimik des Gegenübers »spiegelt«. Mit diesen müden Manipulationstechniken mittelmäßiger Außendiensttruppen treten nun Tausende kopulierwilliger Männer in Bars an, um Frauen mit auswendig gelernten »Openern« vollzuquatschen. Das klingt dann so: »Würden Sie mit einem Mann etwas trinken gehen, der in einem Zweimannzelt lebt?« Wer kein Hirn hat, dem bleibt halt nur noch Hirnrissiges. Doch die PUA-Szene ist weit weniger harmlos, als diese launigen Zeilen es suggerieren. Die Grundlage dieser Strategien ist nämlich, Frauen gezielt niederzumachen. Einer der »Stars« der Szene schreibt im Netz: »Im Wesentlichen geht es darum, die Psychologie der Frau gegen sie zu verwenden. Man muss die Girls brechen.« Das sind keine charmanten Ratschläge eines harmlosen Date-Doctors aus dem Kino. Vielmehr geht es um eine neue Qualität eines Stellungskriegs, dessen Ausmaß an Frauenfeindlichkeit auch bei freundlichster Auslegung die Frage nach der Wirksamkeit von fünfzig Jahren Frauenbewegung aufwirft. Insbesondere, weil Frauen diesen müden Tricks erstaunlicherweise auch noch recht erfolgreich auf den Leim gehen.

Die meisten Frauen sind schon einmal einem Mirko und seinen Pick-Up-Strategien begegnet, ob im Büro, auf einer Party, in einem Club. Nur hatten sie keine Ahnung von seinen wahren Absichten. Wer in Zukunft wissen will, was läuft, wenn einer versucht, sein Spielchen zu spielen, blättert einfach mal an den Schluss des Buches, wo die Inhalte der »satanischen Verse« in »Die Strategien der Blender« zusammengefasst sind. Damit Sie als Goldfisch der Geschäftsleitung selbst entscheiden können, ob Sie die Nacht mit dem Barrakuda aus der Buchhaltung verbringen wollen.

Der Uli

Im Zusammenhang mit meinem letzten Buch *Scheißkerle – Warum es immer die Falschen sind* wurde ich gern gefragt, ob denn alle Männer schlechte Absichten hätten. Dazu kann man nur sagen, dass viele, wenn nicht sogar fast alle Männer dazu bereit wären, ihre Frauen zu betrügen. Vielen fehlen dazu allerdings die Chancen und Gelegenheiten, sodass sie sich mit Ausflügen auf die zahllosen Pornoseiten im Internet begnügen. Und doch, es gibt einen Gegenentwurf zu den Mirkos unter den Männern. Das sind die Ulis, wie die *SZ*-Autorin Simone Buchholz in einem amüsanten Essay so treffend feststellte. Die Ulis finden sich im Leben jeder Frau. Sie sind verständnisvoll, man kann sie problemlos den eigenen Eltern vorstellen, und Blumen bringen sie auch noch mit. Ulis arbeiten im verschämt als »Souterrain« bezeichneten Keller eines Unternehmens, in der IT-Abteilung, sie sind tendenziell vierzig, wohnen noch bei Mutti, hatten mit über dreißig das erste Mal Sex, sammeln kleine Plastik-Klingonen, gehen auf Star Trek Conventions, lesen unheimlich gern (nur *Der Herr der Ringe*, dafür aber alle Teile), stecken das Hemd nicht nur in die Hose, sondern zur Sicherheit in die Unterhose, gern begleitet von dem Satz: »Sitzt, wackelt und hat Luft«, und finden Bestätigung in Telefonanrufen attraktiver junger Frauen aus Abteilungen der höhergelegenen Etagen, die folgendermaßen beginnen: »Duuu, Uli, mein Compi fährt nicht hoch, was kann ich denn jetzt machen?« Dann läuft der Uli zu Hochform auf, schiebt Cola-Dosen zur Seite, wischt sich die Pizzareste aus den Koteletten, macht aus seinen Haaren – trotz Wurstfingern – durchaus behende einen Zopf und prüft via Fernwartung den Computer seiner Kollegin. »Das wird etwas dauern«, sagt er schließlich und meldet sich dann erst nach lähmenden siebzig Minuten wieder mit dem final erlösenden Satz: »Hast du den Stecker drin?«

Nun, Ulis sind nicht schlecht, wirklich nicht. Zum guten Freund reichen sie allemal. Und es gibt weiß Gott nicht nur Klingonen-Ulis, es gibt auch noch die Sauerampfer-Ulis und die Kochrezepte-Ulis. Die Ulis, so hoffte ich, könnten gar mit der Männerwelt versöhnen. Träfe man diese verhinderten Retter des männlichen Charakters nicht bevorzugt als »Betas« auf dem PUA-Kongress in Berlin.

Abteilungsleiter
Die Pussy

Um es gleich vorweg zu sagen, die Pussy ist ein getarnter Uli, ein Weichei mit einem gemeinen, fiesen Kern. Kathrin konnte kaum glauben, was sie da gerade erlebte: Wellenchef Andy Weder stand vor der Leitungsgruppe »Zukunft Funkhaus« und stellte begeistert das Konzept »First Class« für ein neues öffentlich-rechtliches Radioformat vor. Kathrin, von ihren Freunden wegen ihres anerkannt freundlichen Wesens nur Kathi gerufen, war seit über zehn Jahren Redakteurin bei verschiedenen öffentlich-rechtlichen Radiosendern und gehörte zur Gruppe jener Frauen, die hart arbeiten, darüber aber wenig Worte verlieren. Solche Männer nennt man »Macher«, aber für Frauen mit einer ähnlich professionellen Berufsauffassung gibt es bezeichnenderweise keine Entsprechung. Außer vielleicht *bienenfleißig*. »Wie scheiße klingt das denn«, dachte sich Kathi und sah Weder vorn am Pult den Mund öffnen und schließen. »Du Wurst!«, sie konnte nicht glauben, wie jemand so dreist Mitarbeiter, Kollegen und Vorgesetzte blendet. Weder, Anfang vierzig, versuchte stets den Anschein des knuffigen Kollegen zu vermitteln. Die Haare etwas zu lang, die Retro-Brille eines amerikanischen Buchhalters aus den fünfziger Jahren und ein Blick wie ein junger Labrador beim Wasserlassen. In seinem Büro stand hinter dem Schreibtisch, wie originell, ein altes Röhrenradio. Außen braune Plaste, der Lautsprecher mit einem Gardinchen aus Stoff bespannt, und wenn man es einschaltete, lief eine grüne Flüssigkeit in eine Säule, dass man meinen konnte, es würde wie bei James Bond gleich die Bombe explodieren. *Moskau, Peking, Kuala Lumpur* stand auf dem Display. Kurzum, eine in Bakelit gegossene Erklärung an den Besucher des Büros: Ich bin harmlos, du kannst mir vertrauen. Die alten Werte, sie sind mir wichtig.

Kathi schaltete den Empfänger wieder ein und hörte Weder weiter über ebenjenes Hörfunkprojekt referieren, das er keine zwei Tage zuvor gegenüber ihrem Team als »zu flach«, »undurchführbar« und »wenig durchdacht« abgeschmettert hatte. Nun tat er in Anwesenheit des Programmdirektors so, als wäre es seine eigene Programmidee, die sich unter seiner Leitung bestens entwickelte. Kathi krampfte sich der Magen zusammen. Eine unsichtbare Hand riss ihr an den Haaren, wollte sie förmlich nach oben ziehen, um den Maskenmann am Pult da vorn bloßzustellen, indem sie sagte, was die anwesenden Leiter anderer Abteilungen nicht wussten: Weder verkaufte die Idee von Kollegen als seine eigene. Sie holte tief Luft und – schwieg. Ohne mit der Wimper zu zucken, log der Bakelit-Mann mit der drolligen Brille das Blaue vom Himmel herunter. Der Wellenleiter plusterte sich auf. Sein Sendungskonzept ließe sich bequem für Radio und TV produzieren, so könnte man Kosten sparen, Synergien nutzen, die Effizienz steigern. Kathi sah sich einer Worthülsenabschussmaschine gegenüber, aber der Programmdirektor und die anderen Wellenchefs nickten zustimmend im Chor, wie eine Gruppe Wackeldackel im Opel Kadett. Kathi hätte gern geschrien: »Ja klar, vielleicht noch Themenspeicher, Fokussierung, Benchmark, Milestone und Visionen, du Torfnase!« Aber sie hatte gerade eine Art Munch-Moment und schrie eher lautlos. Und überhaupt, hatte Weder da nicht gerade von »seinem Konzept« gesprochen? Das Einzige, was der Wellenchef zu der Idee »First Class« beigetragen hatte, war seine aus dem Elsass stammende Lebensabschnittsgefährtin, genannt Chérie, der er auf diesem Weg einen gewinnbringenden Job als Moderatorin zu besorgen versuchte. Der leicht französische Akzent sei doch ein Alleinstellungsmerkmal, versuchte Weder seine persönliche Personalie zu rechtfertigen.

Das Konzept stammte von einem Team aus Redakteuren, die Kathi rund um dieses Projekt aufgebaut hatte und von dem in viel Zeit, vornehmlich an unbezahlten Abenden, Know-how und reichlich Herzblut investiert worden war. Weder ließ die Idee mit Hinweisen auf das Budget (»Sie wissen doch, Frau Schmidt, wir müssen sparen!«) sterben, um sie nur zwei Tage später als eigenes Konzept wiederauferstehen zu lassen, und seine Chérie fand es auch »süper«. Die an der Entwicklung beteiligten Redakteure waren erst gar nicht informiert. Nach der Konferenz würde er es wie immer machen: Die erbosten Kollegen freundlich vor die Wand laufen lassen, um dann bei einer Reise zu den Landesstudios, die beim Intendanten immer gut ankam, hinter einer Wand aus Schweigen und Ignoranz abzutauchen.

Weder war ein sogenanntes Anstaltsgewächs, ein Mann, dessen zweifelhaften Ruf im Umgang mit weiblichen Mitarbeitern der Flurfunk schon verbreitet hatte, bevor er als Wellenchef vom Südrundfunk in die Metropole gewechselt war. Kathrin saugte diese Informationen förmlich auf. Kein Wunder. Nach Jahren harter Arbeit in unterschiedlichen Redaktionen war sie der Meinung, bei den Chancen auf eine Beförderung zum Wellenchef des Senders in der ersten Reihe zu sitzen. Auch hatten ihr Intendant und Programmdirektor immer wieder Projektleitungsaufgaben übertragen, was sie zu Recht als Hinweis auf eine bevorstehende Beförderung deuten konnte.

Kathi war zwar eine herzliche und umgängliche Person, konnte sich aber dennoch entschieden und in freundlichen Worten bei Kollegen durchsetzen. Gerade diese verbindliche Art, so dachte sie, wäre ein Ausweis ihrer sozialen Kompetenz und damit ihrer Eignung als Führungskraft. Immerhin schaffte sie es meist, die gesteckten Ziele zu erreichen, Menschen zu führen und klar nachweisbare Ergebnisse abzuliefern. Dabei war Kathi keinesfalls ohne Ehrgeiz für eine Leitungskarriere. Mehr noch, sie war richtig scharf auf die Position der Wellenchefin. Würde sie die Gerüchte weitertragen, die sie über Weder hörte, vielleicht sogar der ersten Führungsebene andeuten, dann konnte das eine Übernahme von Weder in den Sender verhindern. Doch Kathi hatte ein ungutes Gefühl bei der Sache. Sie wollte nicht über jemanden lästern, den sie gar nicht kannte. Sie versuchte auf ehrliche Art und Weise an die Stelle zu kommen, durch Leistung, die überzeugen sollte. Wer stets lieferte, der würde auch weiterkommen, davon war Kathi überzeugt. Außerdem fand sie, dass sie die Wellenleiterposition verdient hatte. Sie beherrschte den Job und war bei den Kollegen akzeptiert. Warum sollte sie nicht von der Leitung ihres Hauses befördert werden? Sie, die jahrelang bewiesen hatte, dass sie es fachlich wie menschlich konnte. Aus ihrer Sicht war es nicht naheliegend, die Position jemandem anzubieten, der aus einem anderen Sender kam und noch nie wirklich bewiesen hatte, dass er eine solche Abteilung zu leiten in der Lage wäre.

Nun stand dieser Geck vor ihnen, an jenem Pult, das ihres hätte sein können, und stellte mit erschreckend wenig Schamgefühl ihr neues Konzept als das seine vor. Nun ja, Kathi war auch keine Heilige und musste schmunzeln, als ihr der Kollege Frank während der Präsentation zuraunte, der interne Code für den ungeliebten Weder sei, in Anlehnung an seinen früheren Arbeitgeber Südrundfunk, das Kürzel SR. »Wieso SR?«, raunte Kathi. »SR für ›Schönredner‹« frohlockte Frank, der offenbar Gefallen an dem etwas platten Wortspiel gefunden hatte. In dieser Abwertung Weders klang reichlich Wut über die Tatsache mit, dass wieder einmal ein wenig qualifizierter Externer einer nachweislich kompetenteren Kollegin aus dem eigenen Hause vorgezogen worden war. Frank mochte Kathi, sie arbeiteten seit Jahren zusammen, und Frank, der selbst wenig Ambitionen auf einen Chefposten hatte, konnte der Idee, Kathi könnte seine Chefin werden, durchaus manches abgewinnen. Er hatte früh auf sie »gesetzt«. Ihm gefiel ihre kompetente und zugleich menschliche Art. Deshalb hatte er sich auch gern beim Projekt »First Class« über Gebühr, wie man im öffentlich-rechtlichen Rundfunk gern sagt, engagiert.

Doch es half alles nichts. Der Mann mit der Retro-Brille bekam damals die Stelle, und Kathrin bereute irgendwie ihre zaghaften Bemühungen, selbst Chefin zu werden. Ein Gefühl von Scham erfüllte sie, nicht wissend, woher es rührte. Das Gefühl, begehrt zu haben, was einem nicht zustand, und nun vom Leben eines Besseren belehrt worden zu sein. Rational konnte sie sich das selbst nicht erklären. Kathi sah Weder am Pult parlieren, und es beschlich sie der Verdacht, dass ihn nie ein ähnliches Gefühl ergriffen hatte. So standen sie und Frank, ein hochgewachsener, introvertierter Sportjournalist mit sonorer Stimme, hinter den Stuhlreihen nebeneinander und staunten über Weders Vorstellung. In selten zelebrierten Zoten lag für den zurückhaltenden Frank die maximale Herabwürdigung anderer. Er gab Kathi einen Stups. »Was für eine Pussy«, sagte er halblaut, sodass die hinteren Stuhlreihen aufhorchten. »Eine was?«, fragte Kathi. »Eine Pussy«, grunzte Frank und stieß sie dabei an wie ein Eishockeyspieler beim Bodycheck. »Eine Pussy, denn Pussys wissen, wie Muschis ticken.« »Sag mal, hast du sie noch alle, Frank? Was ist das denn für ein Jargon?« Typisch Sportredaktion, dachte Kathi und schaute auf Weder. Er grinste verächtlich Richtung Pult, Kathrin rollte die Augen. Frank beantwortete Weders Ausführungen auf der untersten Ebene und zeigte damit eine durch und durch männliche Form der Abwertung. Kathi hingegen versuchte dem Ganzen intellektuell auf einer höheren, rationalen Stufe zu begegnen und scheiterte damit an der Situation wie auch an sich selbst. »Doch«, sagte Frank, »Pussys sind weich und warm, fühlen sich am Anfang verdammt gut an, und das macht sie gefährlich. Vor allem für Frauen.« Dass Pussys in der Regel auch Männer zu manipulieren wissen, versteht sich von selbst. Doch sind sie in erster Linie grandiose Frauenversteher, und genau das macht sie für Frauen auch beinahe unwiderstehlich. Es ist nicht nur dieser launigen Geschichte geschuldet, dass es gerade die attraktiven, starken Frauen sind, die auf den jungenhaften Charme hereinfallen, die hinter seinem intensiven Zuhören echtes Interesse vermuten und ausnahmsweise einmal keine Masche. Da sind sie sich ganz, ganz sicher, die Opfer der empathischen Manipulatoren. Wer dagegenvotiert, ist wahlweise schon vom Verfolgungswahn befallen, paranoid oder wird von der Herztruppe der Einfachheit halber direkt als »krank« gemobbt. Doch Kathrin hatte längst verstanden, wie ihr Chef tickte. Sie wartete förmlich darauf, dass sich die Gerüchte bewahrheiteten, die schon im Vorfeld seiner Bestellung durch die Flure des Senders waberten.

Das offene Gespräch zu scheuen ist ein zentrales Charakteristikum einer Pussy, sie hechtet bei Konflikten direkt hinter die nächstbeste Hecke. Aus sicherer Deckung wird dann aber nicht etwa drauflosgeballert, sondern wie in einem Kasperletheater an jenen Strippen gezogen, an denen kleine, zumeist weibliche Helferlein hängen. Sie sind die Leute fürs Grobe, die sich notorisch hinter jeder Pussy aufhalten. Wer so ein Weichei zum Chef hat, ist gut beraten, sich zunächst nach den Helfern im Unternehmen umzusehen, bevor es auf Löwenjagd geht. Dabei ist es nur auf den ersten Blick widersprüchlich, dass die Unterstützer von Pussys zumeist weiblich sind. Frauen, die nicht genau hinsehen und sich von der vorgespielt weiblich-knuffigen Art des Chefs genauso blenden lassen wie von den zahlreichen Scheißkerlen, die sich seit der Pubertät durch ihr Privatleben ziehen und es am Ende alles andere als gut mit ihnen meinen. Jene Mitarbeiterinnen, die sich später – wenn der inkompetente Intrigant endgültig aufgeflogen ist – zu zwei zeitlich versetzten Kernsätzen des Versagens ihrer Menschenkenntnis hinreißen lassen. Es beginnt mit dem notorischen »Also, von dem hätte ich das nie gedacht, das ist doch so ein Lieber«. Und endet mit dem bereits auf eine neue Leitfigur ausgerichteten »Das haben wir ja schon immer gewusst«. »Das sagen die Nachbarn auch immer«, so der Wiener Kriminologe und international renommierte Profiler Dr. Thomas Müller, »wenn wir einen Serienmörder fassen.«

Die Helferlein sind ein Fall für sich. Sie kommen nicht nur mit dem Fahrrad zur Arbeit, sie nehmen es auch mit ins Büro. Treten ist ihr Geschäft – doch getarnt als Menschen, die dem Guten verpflichtet sind, also in offener Sandale mit Korkbett. Die Währung der Weders ist in öffentlich-rechtlichen Anstalten die Festanstellung. Die meisten, auch langjährige Mitarbeiter, sind in freien Berufen für die Landesanstalten tätig, die wenigsten sind fest angestellt.

Die Altersbezüge sind hoch, sodass die Sender ein System entwickelt haben, das irgendwo zwischen freier Mitarbeit und Festanstellung liegt, die sogenannten »festen Freien«. Die Hoffnung, eine Stufe weiter in der Absicherung der eigenen Existenz zu kommen, halten Wellenchefs, Programmdirektoren und Intendanten ihren – vor allem jungen Mitarbeitern – vor die Nase wie einem Hasen die Karotte an der Stange. Weder machte es ohne Karotte. Der neue Mann an der Spitze hatte sich rasch eine Gruppe williger Helferlein zugelegt, die allein aus Frauen bestand. Sie mobbten ihrem Chef bereitwillig den Weg nach oben frei. Eine Beförderung als Gegenleistung war dabei nur zweitrangig. Viel motivierender dabei waren Weders Charme, seine weiche Radiostimme und eben dieser Blick. Damit gelang es ihm mühelos, Frauen für sein berufliches Fortkommen zu gewinnen. Der Radiomann sortierte weibliche Angestellte des Senders nach einem sehr eigennützigen Raster, das mit der Bewertung fachlicher Eignungen rein gar nichts zu tun hatte:

- Nutzt mir.
- Sieht geil aus und nutzt mir.
- Sieht nur geil aus.
- Nehme ich nicht einmal wahr.

Die Nibelungentreue seines »Teams der Herzen« grenzte gleichwohl an Selbstaufgabe. Dass ihr geliebter Chef jeden aus dieser Truppe grußlos über die Klinge springen lassen würde, wenn es ihm von Nutzen wäre, daran war nicht einmal zu denken.

So war es wie im Märchen *Des Kaisers neue Kleider*.

Der Mann am Pult war nackt. Nur sagte es keiner. Auch Kathi nicht. Die wälzte sich dafür nachts im Bett von links nach rechts und fand nicht in den Schlaf. Zu kämpfen gab es nichts mehr. Nach zermürbenden Monaten fasste sie den Entschluss, das Feld zu räumen. Zufällig wurden gerade beim Deutschlandsender Bewerber für die vakante Stelle des Programmdirektors gesucht. Kathi sah sich die interne Stellenausschreibung an. »Programmdirektor/in Hörfunk« stand da in dieser betulichen politischen Korrektheit. »Und was bringt das am Ende?«, dachte sie sich. »Irgendeine Gleichstellungsbeauftragte mit lila Schal, kurz vor der Pensionierung, hat ein warmes Gefühl der Daseinsberechtigung.« Doch einen Versuch war es allemal wert. Der Deutschlandsender stand für Qualität, da wurden nur die Besten genommen. Journalismus bedeutete dort nicht das Abspulen irgendwelcher Magazinbeiträge. Zu Deutsch, die Crème de la Crème des Radiojournalismus arbeitete dort. Da Kathi ohnedies nicht schlafen konnte, machte sie sich einen schwarzen Tee und holte ihren Lebenslauf heraus, den sie zehn Jahre nicht angesehen hatte. Zu blöd, man hätte auch den Kollegen hier oder jenen wohlwollenden Chef dort einmal um eine Referenz bitten können. Und das Zertifikat von der Fortbildung »Führen im Team« im Breisgau vor fünf Jahren hatte sie irgendwo verlegt, zumal ihr diese komische Urkunde auch etwas albern erschienen war. Ihr Kollege Frank dagegen, mit dem sie damals nach Freiburg gefahren war, hatte sie gerahmt hinter seinem Schreibtisch in der Sportredaktion hängen, worüber sie manchmal lächelte. Aber jeder, der sein Büro betrat, konnte sie sehen.

Kathi fand die Bewerbungsunterlagen dennoch gut, als sie sie morgens bei einem Kaffee noch mal durchsah. Sie hatte nichts übertrieben, es war alles richtig, sie hatte Referenzen angegeben, der neue Arbeitgeber würde sich sogar erkundigen können. An einer Stelle fand sie ihre Leistung dann doch etwas zu vorteilhaft dargestellt. Es war ja eigentlich gar keine Teamleitung, die sie bei der Entwicklung des neuen Talkshow-Formats im Hause hatte. Sie hatte das Projekt mit einem Kollegen durchgeführt, die Leitung hatte sich im Verlauf der Zusammenarbeit für sie ergeben. Offiziell war das aber nicht. Und so änderte sie das schnell noch in »Mitarbeit« statt »Teamleitung« ab. Jede Wette, im Lebenslauf des männlichen Kollegen würde nicht nur »Teamleitung« stehen, sondern in einer Mischung aus geschickter Formulierung und Weglassen suggeriert werden, er hätte das Format quasi selbst aus der Taufe gehoben. Auf dem Weg zum Funk steckte sie ihre Bewerbungsunterlagen in den Briefkasten.

Weders Führungsstil, wenn man überhaupt davon reden konnte, basierte auf Desinformation: Einnebeln und Abtauchen gehörten zu seinen Stärken. Der Mann neigte zur Heimlichtuerei. Minimale Angriffsfläche sicherte ihm maximalen Erfolg. Zugleich schaffte er es meisterhaft, dass sich die meisten Menschen in seiner Gegenwart wohlfühlten. Zugewandtheit, Aufmerksamkeit, aktives Zuhören, was er wohl einmal in einem Seminar gelernt haben musste, simulierte er mit Perfektion. Nur wer genau hinzusehen verstand, erkannte einen Mann, der andere Menschen überaus eigennützig betrachtete und sie ausschließlich nach Kriterien sortierte, die seinem unmittelbaren Nutzen dienten. Durch Frauen, die weder gut aussahen noch von Nutzen in seiner »Herztruppe« waren, sah der Abteilungsleiter einfach hindurch. Nicht absichtlich oder aus einer Haltung von Überheblichkeit. Er nahm sie im wahrsten Sinn des Wortes nicht wahr. Davon, sich ihre Namen zu merken, war er ohnedies so weit entfernt wie eine Kuh vom Eierlegen. Männer kamen in seinem Umfeld gar nicht vor. Einmal abgesehen vom Intendanten oder von internationalen Stars, die zu Interviews ins Funkhaus kamen. Dann sprühte Weder vor Aktionismus und tat alles, um seinem Gegenüber zu vermitteln, er sei eigentlich auf der gleichen gesellschaftlichen Ebene zu Hause.

Doch auch diejenigen, die Andy Weder als Wellenchef eingestellt hatten, merkten mit der Zeit, dass er ein Windei war. Nur, was hätten sie jetzt noch tun können. An der Entscheidung war man schließlich selbst beteiligt gewesen, ein rascher Wechsel würde der eigenen Reputation im Hause nicht sonderlich guttun. Und so wollte sich niemand die Blöße geben, hier den falschen Mann auf den Posten gehievt zu haben. Aber das war nicht alles, der Retro-Mann war auf eine für Kathi und Frank rätselhafte Weise unantastbar. Geradeso als wäre der öffentlich-rechtliche Rundfunk erfunden worden, um ihm eine Spielfläche zu bieten. Ein Podium der Eitelkeiten in einer Versorgungsanstalt, die durchaus gesellschaftliche Reputation verschaffte. Immerhin war er Wellenchef eines großen Senders, das sieht auf der Visitenkarte beeindruckend aus, und im persönlichen Gespräch wusste der Radiomann die Sache mit gespielter

Bescheidenheit so aufzublasen, dass man denken konnte, ohne ihn ginge im ganzen Funkhaus nichts mehr. Was er weiblichen Zufallsbekanntschaften an den Theken der Bars seiner Metropole abends von sich erzählte, kann man sich leicht ausmalen. Es lässt sich in einem einzigen Satz zusammenfassen, den er in immer neuen Variationen einsetzte: »Baby, ich bringe dich ganz groß raus.« Aber nicht nur außerhalb des Funkhauses wurde der Mann jenem Ruf gerecht, der ihm vor Dienstantritt vorausgeeilt war. Nein, das ganze Funkhaus war sein Revier. Traf er dort auf eine Frau, die gut aussah und ihm nutzen konnte, dann brannte er sofort lichterloh. Was mitunter zu skurrilen Szenen mit der Dauergeliebten Chérie führte, die seit Jahren auf die Wirkung ihrer Vitamin-B-Pille wartete. Denn Weder rollte nicht nur den Sender mit immer neuen Anbandelungen auf und unterhielt gleichzeitig seine etwas prätentiöse Geliebte, die einen gewissen Lebensstandard – fünf Zimmer Altbau – forderte. Nein, Weder hatte natürlich die für eine Führungskraft wie ihn schon fast typische Exfrau samt Kindern, quasi als lebender Ausweis mäßiger Charakterbildung. Für Unternehmen ist das eine potenziell ökonomische Leckage, denn der finanzielle und emotionale Aderlass macht die Weders dieser Welt anfällig für alle nur denkbaren Vorteilsnahmen. Es ist die totgeschwiegene Realität einer Armee von Scheidungsvätern, die, vom Müllarbeiter bis zum Bundespräsidenten, mit klammen Taschen auf den nächsten Ersten eines Monats warten. Diese Kombination ist ein Pulverfass: promiskuitiver Lebenswandel plus Geliebte mit hohen Ansprüchen, und ein Lebensstandard, der sich bereits an der übernächsten Karrierestufe und an Menschen aus einem High-Society-Umfeld orientiert. In Kombination mit einer Exfrau und zwei Kindern aus der vorletzten Karrierestufe ist es die Rezeptur für ein finanzielles Desaster. Auch bei Weder war das Gehalt nicht ganz so üppig, wie er Chérie das seit dem ersten Tag ihrer Beziehung glauben machen wollte. Aber wer so gekonnt über Weine (»Toskana, da habe ich meinen Stammwinzer«), Reiseziele (»Wir sind dieses Jahr alle wieder in den Hamptons«), teure Uhren (»Panerai, was sonst?«) und italienische Maßanzüge (»Außer Kiton kann man als Mann ja nichts tragen«) parlieren kann, der muss auch liefern. Das fiel Weder immer schwerer, zumal ein Löwenanteil der schmalen öffentlich-rechtlichen Bezüge an seine Exfrau mit den beiden Kindern floss.

Kathi und Frank starrten immer noch auf den Clown am Pult, der den anwesenden Führungskräften nach wie vor die Ergebnisse der Arbeitsgruppe »Zukunft Funkhaus« als seine wegweisende Idee für die Welle verkaufte. Zu ihnen stellte sich Martina, die Freundin von Frank. Martina arbeitete bei der Popwelle des Senders, in einem Nachbargebäude. Die Moderatorin kam gelegentlich aus einem anderen Gebäudeteil auf einen Kaffee zu ihrem Freund Frank und seiner Kollegin Kathi. »Und?«, fragte Martina mit einem süffisanten Unterton. »Wie läuft es so in der First Class?« Frank und Kathi grunzten abfällig im Chor. »Sieh dir das an«, sagte Frank und nickte in Richtung Pult. Martina, Ende dreißig, schlank, eloquent und mit einem für Männer überaus gewinnenden Äußeren, strahlte. Kein

Wunder, mit der Sache hatte sie ja auch nichts zu tun. Die gute Laune des Happy Girl hatte einen naheliegenden Grund. Martina konnte mit einer Neuigkeit aufwarten, die Frank und Kathi etwas Genugtuung verschaffen sollte. »Weder hat den Job durch seinen Vater bekommen«, platzte es aus Martina heraus. Auf die Frage, woher sie das wisse, sagte sie, es sei ihr zugetragen worden. Der Senior war wohl ein politischer Funktionär, und er saß im Fernsehrat jenes Senders, von dem Weder gekommen war. Als man dort feststellte, dass Weder offenbar nicht so kompetent war, wie man es sich erhoffte, wurde der Mann mit dem Bakelit-Radio als Wellenchef zu einem der Partei des Vaters verbundenen Intendanten weggelobt. Man war sich noch einen Gefallen schuldig gewesen.

In großen Institutionen wie Behörden, Konzernen und Sendeanstalten gibt es drei Methoden, nach oben zu kommen. Leistung ist die unwahrscheinlichste, gute Kontakte sind schon hilfreicher, aber die meisten Karrieren kommen über Seilschaften und politische Verbindungen zustande. So können es Nieten über Beziehungsgeflechte und Pöstchenschiebereien bis ganz nach oben bringen. Oft passiert es auch, dass zwei geeignete Kandidaten lange um die Spitze, die Top-Position eines Unternehmens, kämpfen und die Gesellschafter sich am Ende für den lachenden Dritten entscheiden, die umgängliche Pussy. Kein Geheimnis ist zudem, dass, je größer ein Unternehmen ist, desto wichtiger auch die Mittelmäßigkeit des Kandidaten auf dem Weg nach ganz oben wird.

Doch der Weg durch die Instanzen ist beschwerlich,

Leute wie Weder versuchen, sie zu meiden. Nach rund zwei Jahren fiel auf, dass die Erfolge im Rennen um gute Einschaltquoten Taschenspielertricks eines mit erheblichen Qualitätseinbußen einhergehenden Musikprogramms waren. An allen Stellen wurde böses Blut gesät, und die Vorgesetzten waren gegeneinander ausgespielt worden. Es war Zeit für den Abflug. Man nennt es auch »Management by Helicopter«: Landen, jede Menge Staub aufwirbeln und bevor jemand merkt, dass man nichts zu liefern hat, wieder abschwirren. Just als man ihn durchschaut hatte und loswerden wollte, ritt der Wellenchef vom Hof. Weder war wieder einmal schneller gewesen. Keine sechs Wochen nach der Präsentation von »Funkhaus Zukunft« wurde in einer internen Mitteilung des Senders angekündigt, dass Andy Weder neuer Programmdirektor Hörfunk des Deutschlandsenders werden würde. Man trenne sich »nur ungern von diesem hochkompetenten Kollegen« und wünsche ihm »für die neue Position in der Hauptstadt alles Gute«, stand dort zu lesen. Kathrin fühlte sich mehr als elend. Die Stelle wäre ihr auf den Leib geschneidert gewesen. Doch sie ging erneut leer aus, und ihr Vorgesetzter durfte sich jetzt den Titel »Direktor des Deutschlandsenders« auf die Visitenkarte drucken. Zwar nur »Programmdirektor«, und drunter prangte auch nur die Adresse einer öffentlich-rechtlichen Mini-Anstalt, aber wer, wie Weder, wenig Interesse an Hörfunk, gar kein Interesse an Journalismus und überhaupt keine Vision für eine höchst anerkannte Vorzeigeredaktion hat, für den sind der Titel, die Visitenkarte und die Gehaltserhöhung ein Quantensprung.

Frank hatte andere Probleme. Er saß an einem der letzten Tage in Weders Büro, als – für einen Moment allein gelassen – auf dessen Smartphone eine SMS erschien. Ein blaues Fenster leuchtete auf und zeigte den Namen von Martina. Frank traute seinen Augen nicht. Seine Freundin, die Weder angeblich nicht ausstehen konnte, sich abends über ihn lustig machte, schrieb ihm eine Kurznachricht. Frank hatte das Gefühl, man würde ihm den Boden unter den Füßen wegziehen. »18 Uhr, Hotel Mercure am Stadtrand«, stand da zu lesen.

Manche mühen sich die Karriereleiter durch harte Arbeit hinauf, anderen gelingt es fast mühelos, die Stufen hinaufzupurzeln. Das ist für jene, die sich durch Inhalte, Leistung und Fachwissen behaupten wollen, schwer zu ertragen. Eine bescheidene Linderung des Schmerzes mag in der Erkenntnis liegen, dass die hysterische Welt der Blender voller Angst ist. Dieses permanente Grundrauschen von Befürchtung und Sorge ist der Preis dafür, nicht durch eigene Leistung an Positionen und Pöstchen gekommen zu sein. Es ist die tägliche Furcht, es könnte jemand die eigene Inkompetenz entlarven. Das gilt für Vorstände, die sich bei der Rechtschreibung unsicher sind und deswegen alles einer qualifizierten Sekretärin diktieren, genauso wie für Geschäftsführer, die keine Bilanz lesen können, oder Außenminister, die kein Englisch sprechen. Sie alle sitzen in Büros, Meetings und Konferenzen, simulieren Entschlossenheit und Tatkraft. Doch ihre nächtlichen Albträume, in denen sie von den oberen Etagen ihrer Bürohäuser ins Leere fallen, drehen sich um Raumpflegerinnen und Hausmeister, die vor ihren Chefschreibtisch treten und fragen: »Was machen Sie eigentlich hier, und wie zum Teufel sind ausgerechnet Sie auf diesen Stuhl gekommen?«

Der Halo-Mann

Worthülsenabschussmaschine, so nannte Kathi ihren Chef Weder. Das Sprechen in Worthülsen, schiefen Bildern und Klischees, es gehört scheinbar zum Anforderungsprofil an Abteilungsleiter und die mittlere Führungsebene. Bevorzugter Titel dieser Truppe: »Vice President«. Das klingt wahnsinnig gut, bedeutet aber nichts. Untersuchungen ergeben immer wieder, dass Männer bei der Wahl zwischen einer Gehaltserhöhung und einem vermeintlich besser klingenden Titel Letzteres bevorzugen. »Das Schild ist's, das die Kunden lockt«, schrieb schon 1678 der französische Schriftsteller Jean de La Fontaine in seinen Fabeln. Und so ist es, die Fabelhaften sind noch heute angetan vom Glanz eines Karrieretitels, einer Doktorwürde, eines Amtes. Leistung, Fleiß oder Wissen? Unnötig. »Wer ko, der ko«, lautet eine bekannte bayerische Redensart, was wohl, unterstützt von einem Schulterzucken, so viel bedeutet wie: Wer es hat, der hat es eben. Ob nun verdient oder unverdient, spielt in der öffentlichen Wahrnehmung unserer Gesellschaft dabei wohl immer weniger eine Rolle, wie man im Politikbetrieb täglich beobachten kann. Es braucht mitunter nur eines ererbten Adelstitels. Und wer selbst den nicht hat, der kann immer noch mit schauspielerischer Leistung oder wenigstens mit einer warmen Stimme die Claqueure der eigenen Karriere hinter dem Betriebsofen hervorlocken.

Tatsächlich ist der Klang der Stimme weitaus bedeutender für den beruflichen Aufstieg als die tatsächlich abgelieferte Leistung, zumindest hilft ein sonorer Bass selbst über die gröbsten Schnitzer hinweg. Eine wohltönende Stimme ist gerade in einer Gesellschaft, in der die meisten Gespräche mit anderen über das Telefon geführt werden, das Karriere-Schmiermittel schlechthin. Und wieder bewahrheitet sich, was die meisten nur ungern anerkennen wollen: Es ist im wahrsten Sinn des Wortes piepegal, ob man blitzgescheit ist. Wer eine hohe Stimme hat, bleibt in die Kaffeeküche verbannt. Dort sitzen die undeutlichen Schnellsprecher, gemeinsam mit den unsicheren Verhasplern und den knödelnden Nuschlern. Sie alle haben keinerlei Chance auf eine Top-Position in Geschäftsführung oder Vorstand. Fiepen, piepen, hüsteln, poltern, zittern, pressen, knödeln und nuscheln, das ist der Sound des beruflichen Abseits. Kandidaten mit solchen Sprachbarrieren bleiben oft schon im Bewerbungsgespräch hängen. Allein, sie wissen nicht, warum. Sogar ausgewiesene Experten mit einem derartigen Problem bleiben auf ewig Indianer und werden selten Häuptling. Ein Schicksal, das sie nicht zuletzt ihrer Qualifikation verdanken. Denn, so absurd es klingt, Experten gibt es wenige, Chef können viele. Und so bleibt der Könner dort, wo man ihn braucht, während die Entbehrlichen nach oben rutschen. Naturbedingt haben es vor allem

Frauen schwer mit der Stimmgewalt, die Aufstiegschancen hervorbringt. Der Ton macht die Musik, das gilt insbesondere für den Aufstieg in die Chefetage. Da hilft auch das hübscheste Kostüm wenig. Ein Chef hat eine Stimme, sie ist Teil seines Auftretens, seiner Wirkung. Menschen mit dünner Stimme, leise vorgetragenen Sätzen werden selten wahrgenommen, schlimmer noch, sie werden nicht ernst genommen. Ich führe das auf das bereits eingangs geschilderte Phänomen zurück, dass sich Männer, die in den Chefetagen nach wie vor deutlich in der Mehrheit sind, tatsächlich körperlich auseinandersetzen. Und die Stimme ist Ausdruck jener Körperlichkeit, mit der sich Männer auch auf der Chefetage begegnen. Mit dem Kino-Drama *The King's Speech* wurde die Bedeutung der Stimme, der Fähigkeit, als Sprechender aufzutreten, auch einer breiten Öffentlichkeit bewusst. Und so holen sich die Akteure des Politikbetriebs schon seit Jahren Stimmtrainer, die oft in wenigen Stunden beachtliche Erfolge erzielen. Doch ist *Der kleine Hey* kein Kinofilm, sondern eine kleine Fibel im Schrank der Mächtigen, die mit diesem Klassiker gelernt haben, die eigene Stimme so zu modellieren, dass sie im wahrsten Sinne des Wortes »gut ankommt«. Sie können es ja mal mit Schlüsselsätzen wie »Quinten quieken, Chöre tönen« oder »Barbara saß nah am Abhang« bei einem Gesprächspartner probieren. Sehen Sie ein sanftes Lächeln auf den Lippen Ihres Gegenübers, dann können Sie gewiss sein: »Der kleine Hey« hat angebissen. Anders gesagt: Beginnen Sie, sich Gedanken über Ihre Stimme, den Klang, die Sprechgeschwindigkeit, den Dialekt, die Aussprache und die Tonlage zu machen. Vor allem Frauen sind gefordert, sich auf diesem Feld gegenüber Männern durchzusetzen. Kaum zu glauben, so einfach soll es sein, so banal? In der Tat, Stimmtraining kann ein entscheidender Karrierekick sein, und in manchen Fällen zahlt dafür sogar die Krankenkasse.

Der US-amerikanische Psychologe Prof. Albert Mehrabian von der University of California in Los Angeles hat schon 1971 in einer aufsehenerregenden Studie nachgewiesen, dass 38 Prozent unserer Wirkung auf andere Menschen auf das Konto der Stimme gehen. Nur 7 Prozent hängt überhaupt vom Inhalt des Gesagten ab und mit 55 Prozent der ganz überwiegende Teil von der Körpersprache. Die sogenannte »7-38-55-Regel« von Prof. Mehrabian beweist, was wir alle schon auf Konferenzen und Kongressen erlebt haben. Wichtiger ist, *wie* ein Redner am Pult spricht, als das, *was* er sagt. Klingt einfach, ist aber in der Realität komplizierter als gedacht. Jeder, der einmal versucht hat, einen großen Auftritt zu erreichen, wird das Gefühl des persönlichen Scheiterns in diesem Gestus wiedererkennen. Das betrifft insbesondere Frauen, die längst nicht so raumgreifend auftreten wie Männer. Selbst die mit vielen Preisen ausgezeichnete TV-Moderatorin und Journalistin Christine Westermann sagte über ihren langjährigen Showpartner Götz Alsmann, sie würde bewundern, mit welcher Selbstverständlichkeit er die große Geste auf der Showtreppe beherrsche. Viele Frauen erleben im Job, dass sie nicht punkten können, vor allem nicht in Konferenzen, obwohl sie perfekt vorbereitet sind, ein ansprechendes Äußeres besitzen und die Körpersprache weitgehend beherrschen. Dass dies mit der Stimme zu tun hat, ist nur wenigen bewusst, dass es für dieses Problem recht schnelle Abhilfe gibt, noch viel weniger. Die naturgegebene hohe Stimme, im wahrsten Sinne des Wortes eine Kopfstimme, wird durch die Zurückhaltung verstärkt, die viele Frauen zudem an den Tag legen. Das stimmliche Defizit, es drückt sich aus in leise gesprochenen Sätzen, fast einem Flüstern, das bei Aufregung und Nervosität dennoch an ein schrilles Schreien erinnert und zugleich ein Tempo aufnimmt, das andere Teilnehmer eines Meetings schwindelig werden lässt, bevor sich zum Ende hin das müde Stimmchen, wie bei einem Teenager, bricht und erschöpft in sich zusammensackt. Dies ist kein Problem, das nur Frauen betrifft, sie sind davon naturgemäß jedoch öfter und auch stärker betroffen. Kaum jemand nimmt die Bedeutung der Stimme im Berufsleben ernst, und so gewinnen jene, werden fast mit unsichtbarer Hand vom Leben gefördert, die mit kräftiger, sonorer, weicher Stimme vortragen können, der Inhalt ist dabei ziemlich egal. Es sind Männer wie Frauen, die angenehm auffallen, wenn sie es verstehen, ruhig zu sprechen und deutlich, ohne zu viele Anglizismen und Fremdwörter. Das können Führungskräfte, die wie von selbst Autorität besitzen, wenn sie das Wort erheben, Lehrer, denen auch ADS-Kids zuhören, und Keynote Speaker, die den Saal augenblicklich im Griff haben.

Ich möchte Ihnen von meiner Freundin Mariechen erzählen. Mit 33 Jahren ist Marie, eine große Blondine, Dr. med. und Fachärztin für Chirurgie an der Uniklinik einer deutschen Großstadt. Daneben hat sie in Biologie promoviert und sich gerade zur Privatdozentin habilitiert. Von Kleinigkeiten wie einer Approbation in den USA als Medical Doctor (MD) und einer enormen Liste von Publikationen ganz zu schweigen. Marie schafft es jedoch selten auf den für sie so wichtigen Dienstplan der Chirurgie. Die älteren Chirurgen geben lieber weniger qualifizierten jungen männlichen Kollegen den Vorrang. Unter anderem einem jungen Arzt, dem bereits zweimal ein Patient unter dem Messer weggestorben ist, auch weil er zu stolz war, Hilfe zu holen, als ihm die Operation entglitt. »Der Junge muss wieder ran, um die Scheu vor der OP zu verlieren«, erklärte der Chef zur Bevorzugung des Kollegen. Marie ist der Meinung, man setze sie so wenig ein, weil sie im Verlauf einer schwierigen OP tatsächlich einmal den Professor alarmierte. Der Patient überlebte, aber Mariechens Karriere hat seitdem einen Knick. Was man von einer deutschen Universitätsklinik kaum glauben mag, es zeigt, dass, wer Schwäche bekennt, dafür abgestraft wird. Missgunst gegen jemanden, der um Hilfe nachsucht, ist schnell formuliert, insbesondere bei einer oberschlauen Kollegin mit zwei Doktortiteln und einer Habilitation, die doch sonst immer alles so gut weiß. Daran ändert auch nichts, dass es in diesem Berufsstand im wahrsten Sinne um Leben und Tod geht. Neid und Missgunst gibt es im Berufsleben überall. In Gesprächen mit Marie konnten wir herausfinden, dass es nicht in erster Linie der »Hilferuf« war, der ihr in der Ärzteschaft seit Monaten die schlechtesten Dienstpläne und die geringste Anzahl an Operationen eintrug.

Mit Hilfe eines einfachen Tonbandgeräts, das mitlief, während wir uns ganz belanglos über dies und jenes unterhielten, konnte man einen manchmal keifenden, manchmal kindlich weinerlichen Tonfall hören. Ich imitierte das und fragte Marie mit kieksender Kinderstimme: »Ich bin Pilot, magst du mit mir fliegen?« Eine weitere Erklärung war nicht notwendig. Weil Marie nicht nur oft die Beste, sondern auch meistens die hübscheste Frau in einer Gruppe von Kollegen ist, versucht sie dem Eindruck zuvorzukommen, eine eingebildete Besserwisserin zu sein. Marie versucht um jeden Preis zu vermeiden, für etwas Besseres gehalten zu werden und in einer anderen Liga zu spielen. In Wirklichkeit tut sie jedoch genau das und versucht dem eigenen Schmerz der Ausgrenzung durch andere zuvorzukommen, indem sie mit einer Kinderstimme spricht, deren Tonlage nach dreißig Minuten so sehr nervt, dass man sich einen Aus-Knopf wünscht. Marie will damit sagen: »Ich bin wie ihr, ich bin nicht gefährlich, ich nehme euch nichts weg.« Unnütz, hervorzuheben, wie reizend, liebenswürdig und bemüht sie um andere ist. Doch die Vorstellung, dass sie die allermeisten anderen überragt, ist für sie unerträglich. Anders als für manchen Mann ist es für sie die Vorstellung, unattraktiv, allein auf dem Berg des Erfolges zu sitzen, um die Aussicht über die Wettbewerber zu genießen. Deshalb macht sich Marie durch Stimme, Gestus, Auftreten und Tonlage kleiner, als sie es ist, und wird folgerichtig im Beruf nicht so eingesetzt, wie sie sich das angesichts ihrer unbestreitbaren Qualifikation wünscht. Der junge Kollege mit der sonoren Stimme und dem ruhigen, besonnenen Auftreten dagegen kann zwar nur halb so gut operieren, das aber doppelt so gut verkaufen. Die Geschichte ist deshalb relevant, weil sie zeigt, dass selbst in Berufen mit höchstem Bildungsniveau und Allgemeinwissen die Mechanismen der subjektiven Wahrnehmung in der Einschätzung von Mitarbeitern und Kollegen wirken. Der Leiter der Chirurgie und Chef von Marie würde den Vorwurf der Frauenfeindlichkeit sicherlich weit von sich weisen und herausstellen, wie sehr er Marie gefördert hat, wie sehr sie geschätzt wird. Doch eine Leitungsaufgabe würde er wohl lieber jemand anderem übertragen. Nicht weil dieser andere dann ein Mann ist, und erst recht nicht wegen seiner höheren Qualifikation. Sondern weil sein Auftreten, seine Stimme und sein Gestus so sind, wie man sich das von einer Führungsperson vorstellt. Eine großgewachsene Blondine mit Piepsstimme hat da keine Chance.

Um sich durchzusetzen, brauchen Frauen bei gleicher Qualifikation kraftvolle, dem Männlichen etwas entgegensetzende Stimmen. Diese Erkenntnis setzt sich erst langsam durch, wenngleich sie zentrale Auswirkungen auf die Chancengleichheit von Frauen hat. Die Ludwig-Maximilians-Universität in München hat das aufgegriffen und bietet im Rahmen ihrer Förderung von Frauen in akademischen Berufen angehenden Professorinnen und Dozentinnen ein professionelles Stimmtraining an. Die Vorteile liegen auf der Hand. Neben einer gleichberechtigten Chance auf eine Karriere fördert es die Aufmerksamkeit der Studenten, und die Gesundheit schont es auch, weil der Vortrag mit etwas

Übung weit weniger anstrengend ist als bei einem unausgebildeten Redner.

All das mag einem albern erscheinen und in unserer angeblich so aufgeklärten Zeit wenig glaubhaft, doch kann ein einziges herausragendes Merkmal beim Auftritt einer Person alles andere überstrahlen und Schwächen und Inkompetenz somit überdecken. Wie dieser Halo-Effekt wirkt, erzählt der Schweizer Autor Rolf Dobelli in seinem amüsanten Buch *Die Kunst des klaren Denkens*, darin eine Geschichte über den Physiker Max Planck. Planck ging, nachdem er 1918 mit dem Physik-Nobelpreis ausgezeichnet worden war, mit einem Vortrag über Quantenphysik auf Tournee durch Deutschland. Sein Chauffeur hörte sich den Vortrag immer wieder an, bis er in München vorschlug, doch einmal die Rollen zu tauschen: »Ich werde den Vortrag halten, Herr Professor, und Sie sitzen mit meiner Mütze in der ersten Reihe.« Planck war amüsiert, und so hielt der sicher auftretende und sprachgewandte Fahrer des berühmten Professors einen langen Vortrag über Quantenphysik. Er trug vor, was er bei seinem Chef so oft in Hörsälen in ganz Deutschland gehört hatte. Nach seiner Rede gab es großen Applaus, und schließlich stellte ein Münchener Professor eine Frage, auf die der Chauffeur antwortete: »Es wundert mich, dass in einer so fortschrittlichen Stadt wie München eine so einfache Frage gestellt wird. Die Frage ist so einfach, dass ich meinen Chauffeur bitten werde, sie zu beantworten.« Und damit zeigte er auf Max Planck. Die Geschichte ist deshalb so gut, weil sie uns vor Augen führt, wie verführbar durch das »Chauffeur-Wissen«, wie Dobelli es nennt, wir alle sind. So ist ein ehemaliger Sprecher der *Tagesthemen* mittlerweile ein erfolgreicher Buchautor und äußert sich zu Themen der gesellschaftlichen Ordnung, der Ethik, des Anstands. Wieso eigentlich? Da sprechen Politiker über Wirtschaft und ökonomische Zusammenhänge, die dann beim Abendessen bekennen müssen, nicht zu wissen, wie eine Bilanz zu lesen ist. Und da halten die meisten Deutschen einen alternden, bärtigen Schauspieler mit sehr sonorer Stimme für einen äußerst gebildeten Mann, weil er die Texte anderer aufsagen kann. Sie alle treten in Talkshows auf und reden offensichtlich nach, was andere vorher sagten, dachten, formulierten. Als das deutsche Parlament im Herbst 2011 über Maßnahmen zur Rettung des Euro in Höhe vieler Hunderter von Milliarden, mithin eines Vielfachen des Bundeshaushalts, abzustimmen hatte, ging ein Reporter in einer Sitzungspause durch den Bundestag und stellte die einfachste aller Fragen: »Um wie viel Geld geht es hier heute?« Die Unwissenheit der Parlamentarier war ein dramatisches Zeugnis des Versagens, ein unglaublicher Ausweis von Desinteresse und mangelnder Auseinandersetzung mit Problemen, die das Schicksal einer ganzen Nation auf Jahre hin beeinflussen werden. So spielen sie uns alle etwas vor, die Politiker, die Ärzte, die Nachrichtensprecher. Warum aber glauben wir, was sie uns vorspielen? Warum wählen und konsultieren wir sie?

Es ist der Halo-Effekt, der das bewirkt. Sie kommen an die Spitze der Politik, der Unternehmen oder in die Hauptnachrichtensendungen des Fernsehens, weil wir uns alle gern diesem Effekt hingeben. Als der deutsche Verteidigungsminister wegen einer in großen Teilen abgeschriebenen Dissertation zurücktreten musste, äußerten viele Bürger in Interviews, sie würden dies bedauern, weil er doch eine gute Politik gemacht habe. Auf Nachfrage konnte aber kein einziger Befragter eine Initiative, das Programm oder ein politisches Konzept des Ministers benennen. Ähnlich ging es mit dem Präsidenten der Schweizer Notenbank, der wegen Insiderhandels zurücktreten musste, mit dem österreichischen Finanzminister, dem Korruptionsvorwürfe gemacht wurden und der daraufhin zurücktrat, oder dem italienischen Kreuzfahrtkapitän, der sein 300-Meter-Schiff vor der Küste der Toskana versenkte, über den eine Stewardess des Schiffes aber, als sie gerade dem Tod entronnen war, noch sagte, er sei ihr als ausgezeichneter, hochqualifizierter und kompetenter Kapitän erschienen. Wie konnte das sein? Der Halo-Effekt funktioniert immer gleich: Wir lassen uns von einem alles dominierenden Aspekt einer Persönlichkeit täuschen. Von dieser einen Eigenschaft, diesem einen offensichtlichen, plakativen Faktum lassen wir uns blenden und schließen zu Unrecht auf die anderen Eigenschaften und Qualitäten eines Menschen, aber auch eines Unternehmens oder einer Sache. Der Begriff »Halo« stammt aus dem Griechischen und bedeutet »Heiligenschein«. An ihm orientieren wir uns, er strahlt so hell über dieser Person, dass wir ihr auch in anderen Bereichen ähnlich positive Eigenschaften zuschreiben. Deshalb trauen wir einem souverän auftretenden Politiker die Kompetenz zu, eine Armee zu reformieren; einem schönen Politiker mit einer glamourös-eleganten Frau aus bester österreichischer Familie glauben wir, Sachverstand in Finanzfragen zu haben; einem kosmopolitischen und weltgewandten Notenbankpräsidenten nehmen wir Aufrichtigkeit und Integrität ab; und einem sonnengebräunten, vor Selbstbewusstsein strotzenden Papagallo in weißer Uniform überlassen wir die Verantwortung für ein Kreuzfahrtschiff. Doch es sind falsche Rückschlüsse, die wir ziehen, weil ein alles überstrahlender Halo-Effekt verhindert, dass wir die traurige Wahrheit erkennen. Dieser Wahrnehmungsfehler, eine »kognitive Verzerrung«, wurde bereits 1907 von dem Sozialpsychologen Frederic Wells beobachtet. Er konnte nachweisen, dass wir faktisch unabhängige oder nur mäßig zusammenhängende Eigenschaften in einen Kontext bringen, wenn eine Eigenschaft überdeutlich hervortritt. Wir alle wissen, dass schöne Kinder bessere Noten, gutaussehende Ganoven mildere Strafen und attraktive Menschen mehr Gehalt bekommen. Der Halo-Effekt kann durch ein positives Merkmal ausgelöst werden, aber natürlich gilt auch das Gegenteil. Noch bis in die Mitte der sechziger Jahre des letzten Jahrhunderts wurden in Deutschland hässliche, alte Frauen als Hexen ausgegrenzt und geächtet. Die Hautfarbe, eine Behinderung sowie jedes andere Merkmal, ob es sich aus der Herkunft, dem Geschlecht oder der ethnischen Zugehörigkeit ableitet, kann zu Negativ-Typisierungen führen, durch die wir auf einen ganzen Menschen schließen. Deutlich wird der Effekt auch an ganz alltäglichen Einordnungen: Menschen, die pleite sind, wird keine Urteilsfähigkeit mehr zugetraut, Übergewichtige gelten als schlampig, und Farbige werden auch heute noch gern als faul abgestempelt. Jeder von uns wird sich schon einmal dabei ertappt haben, selbst einen anderen Menschen einer Typisierung zugeordnet zu haben, durch die er von einem einzigen Merkmal auf die ganze Person geschlossen hat. Deswegen hat die SAT.1-Sendung *The Voice of Germany* den Achtungserfolg der Zuschauer verdient. Die Idee, die Jury Leistungen der Sängerinnen und Sänger beurteilen zu lassen, ohne dass diese die Teilnehmer sehen können, schließt den Halo-Effekt aus, und es muss die tatsächliche musikalische Leistung bewertet werden, ohne dass der Auftritt oder das Aussehen es beeinflussen könnten.

Halo-Männer – sie bringen es weit in Unternehmen, Politik und Showbiz. Sie sind außerordentlich geübt darin, den Schwan zu geben. Ihre öffentlichen Abstürze sind stets spektakulär, nicht zuletzt, weil das Publikum zwischen Faszination und Scham schwankt, einem Blender auf den Leim gegangen zu sein. Noch schlimmer ist es, wenn wir erkennen, einen Blender ganz unreflektiert zur Projektionsfläche von Wunschvorstellungen über uns selbst gemacht zu haben. Die Grenze zum Betrug und damit auch zur kriminellen Handlung ist bei Blendern fließend. Die wahrscheinlich berühmteste Verfilmung eines Halo-Manns ist die Geschichte des amerikanischen Gauners Frank W. Abagnale, dessen Geschichte zuletzt im Hollywood-Streifen *Catch Me If You Can* mit Leonardo DiCaprio verfilmt wurde. Frank, ein junger Ausreißer, macht als jüngster Hochstapler der Geschichte Karriere. Der Sechzehnjährige bewundert Piloten und beschließt, sich als einer von ihnen auszugeben. Mit gefälschten Gehaltsschecks der Pan Am – die in den sechziger Jahren noch bar ausbezahlt wurden – finanziert Abagnale sein Leben und lernt, wie einfach der Betrug ist, wenn man eine schicke Uniform trägt. Die Schlüsselszene des Films zeigt Abagnale in einem beeindruckenden Pan-Am-Outfit, am Arm von acht gutaussehenden Stewardessen, mehr als auffallend durch jene Abflughalle des Airports von Miami schreitend, in der er gerade von einer Armee von FBI-Agenten gesucht wird.

Schwäne können fliegen und schwimmen. Allerdings fliegen sie viel schlechter, als sie schwimmen können. Doch sie sind weiß, gleiten langsam, halten den langen Hals erhaben nach oben und sehen so unglaublich majestätisch aus, was ihnen die Zuordnung zur Königsklasse der Seebewohner verschafft. Wenn es ums Futter geht, sind sie erstaunlich flott zur Stelle und picken überraschend fest zu. Eigentlich unsympathisch, und doch werfen wir ihnen lieber Brotkrumen zu als allen anderen Tieren. Selbst dann, wenn sie uns beim letzten Mal in die Hand gebissen haben.

Der »Wir müssen mal«-Mann

Den vielbeschworenen Teamgeist muss ein Mann erfunden haben. Nicht, weil er ihn als Instrument produktiver Arbeitsergebnisse schätzen würde, sondern allein für den Grundsatz: »Ihr arbeitet zusammen, und ich präsentiere dann die Ergebnisse.« Unglaublich, wie einfach es für viele Männer ist, Kolleginnen für sich arbeiten zu lassen und dabei die »Füße hochzulegen«. Männer, die diese Schonhaltung zeitgemäßer Mitarbeiterführung perfektioniert haben, zeichnen sich durch wiederkehrende Merkmale aus. In ihrem Büro hängt gern ein überästhetisches Bild von einem Weißkopfadler, der über Gebirgshöhen gleitet, und darunter steht »Führung«. Neben der Sitzgruppe findet sich ein ähnliches Bild: Tosende Wellen brechen sich an einem Leuchtturm, darunter steht das Wort »Vision«. Die Grundsätze der Mitarbeiterführung auf Diddelmaus-Niveau finden ihre Ergänzung in Sätzen, die – bevorzugt auf dem Weg zur Kantine oder ganz beiläufig am Empfang des Unternehmens – mit den Worten eingeleitet werden: »Frau Schmidt, wir müssen jetzt mal …« Was erfahrenen Mitarbeiterinnen ein deutliches Signal für unbezahlte Überstunden, viel Arbeit und wenig Ruhm ist. Irgendjemand hatte dem Mann vor Jahr und Tag bei einer »Human Ressources Schulung« die Teamarbeit nähergebracht. Funktioniert prima, die anderen arbeiten im Team, ich gehe zum Fußball. Aus dem Seminar ist der geschätzten Führungskraft, neben den kollektiven Atemübungen auf dem Fußboden, noch der Hinweis hängengeblieben, seine Sätze möglichst mit einem »Wir« zu beginnen. Damit wird gern eine Arbeitsanweisung eingeleitet.

Vor allem bei Frauen ist diese Strategie erfolgreich. Denn weibliche Mitarbeiter setzen, im Gegensatz zu ihren männlichen Kollegen, auf Kooperation am Arbeitsplatz, während Männer zum Einzelkämpfer tendieren und bestenfalls gelegentlich Bünde schließen, um einem strategischen Ziel näher zu kommen, jedoch keinesfalls, um gemeinsam zu arbeiten. Das Bonner Institut zur Zukunft der Arbeit (IZA) hat das nun in einer Studie bestätigt. Demnach sind Männer nur dann zur Teamarbeit bereit, wenn ihnen daraus ein echter und unmittelbar erkennbarer materieller Vorteil erwächst. Die Verhaltensökonomen Marie Claire Villeval und Peter Kuhn haben an der Universität Lyon dazu ein bezeichnendes wissenschaftliches Experiment gestartet. Die Wissenschaftler ließen 174 männliche und weibliche Probanden verschiedene Aufgaben gegen Bezahlung lösen. Im Verlauf des Versuchs konnten die Teilnehmer wählen, ob sie nach ihrer Einzel- oder der Teamleistung entlohnt werden wollten. Die Männer der Gruppe versuchten sich hauptsächlich als Einzelkämpfer, wobei die Tendenz, sich als einsamer Wolf durchsetzen zu wollen, mit der individuellen Leistungsfähigkeit stieg. Die

Damen bevorzugten hingegen die Teamvariante, und das unabhängig von der Leistungsfähigkeit der Einzelnen. Die Wissenschaftler nennen dafür drei Gründe: Erstens schätzen Frauen die Leistungen ihrer Kollegen in einem Team weitaus weniger pessimistisch ein als Männer. Das heißt, Männer glauben, die Dinge am besten selbst erarbeiten zu können, auch wenn sie von der Sache keine Ahnung haben. Deutlich wird das anhand eines Beispiels aus dem Lebensalltag. Frauen wissen nur zu gut, dass, wenn es um das Autofahren geht, in der Regel der Mann fahren will, weil er meint, es besser zu können. Männer weigern sich oft zudem standhaft, nach dem Weg zu fragen, »den finden wir schon«, ist eine ihrer Standardansagen. Sie unterliegen damit einer kognitiven Dissonanz, einer Art Selbsttäuschung, dass selbst ihr gesunder Menschenverstand, der fast reflexartig in diesem Zusammenhang gern zitiert wird, besser funktioniert als das Fachwissen Dritter. Zweitens sind Männer deutlich empfänglicher für finanzielle Anreize als Frauen. Das bedeutet, der von den Wissenschaftlern bei dem Versuch angebotene Geldbetrag wurde von Männern weniger gern geteilt als von Frauen. Das kompetitive Element in Männern führt offenbar dazu, es als einsamer Wolf durchziehen zu wollen, um später als strahlender Sieger mit dem Jackpot ganz oben auf dem Treppchen stehen zu können. Dabei geht es zum einen wohl um Geld, aber auch darum, das aus der erbrachten Leistung resultierende Prestige für sich allein einzuheimsen und nicht mit anderen teilen zu müssen. Drittens legten die Frauen bei dem Versuch deutlich mehr Wert auf soziale Aspekte am

Arbeitsplatz und in der Zusammenarbeit mit den Kollegen. Dazu gehörte dann auch, dass das Teilen des Gewinns eine faire und ausgewogene Angelegenheit sein sollte. Die Männer waren unterdessen vollkommen darauf konzentriert, mit allen möglichen Mitteln durchzusetzen, dass sie den Gewinn am Ende allein einstecken konnten. Dieses Verhalten von Männern zeigt sich auch darin, dass bei ihnen sogenannte Ergebnissportarten wie Fußball besonders beliebt sind. Als Schlussfolgerung aus ihrer Studie haben die Wissenschaftler angeregt, sich über eine andere Entlohnung, also andere Anreizsysteme, aber auch über alternative Arbeitsformen Gedanken zu machen, um das Erwerbspotenzial von Frauen in unserer Gesellschaft besser nutzen zu können. Dass dies aufgrund der demographischen Gegebenheiten in den nächsten Dekaden von zentraler Bedeutung für den Erhalt des Wohlstands in Europa sein wird, steht außer Zweifel. Doch auch der Umkehrschluss der Studie birgt eine interessante gesellschaftspolitische Dimension. Es sei, so Prof. Villeval, ein potenzielles Dilemma moderner Personalpolitik, dass eine Veränderung der Entlohnungsmechanismen zugunsten von Frauen und ihrer kooperativen, teamorientierten Arbeitsweise im Gegenzug die Anreize für Männer mindert und den Effekt hat, dass männliche Leistungsträger zugleich abgeschreckt oder demotiviert werden.

Mittleres Management
Der Business-Blender

Chief Marketing Officer, CMO« stand auf der Karte des Medienmenschen, der mir, wo auch sonst, neulich im Berliner »Grill Royal« von meiner Leserin Clara Riemann als ihr neuer Chef vorgestellt wurde. Ich kenne Clara von einer Lesung in einer Berliner Buchhandlung. Clara ist eine elegante Frau Mitte fünfzig, mit einem Herzklappenfehler. Weiches Herz, zu große Klappe. Nach fast zwanzig Jahren als Vorstandsassistentin hatte die warmherzige, aber durchsetzungsfähige Clara nun einen Chef, der eine Etage tiefer saß, als Clara das gewohnt war. Zum Einstand wollte er sie wohl beeindrucken und führte seine neue Assistentin mit großer Geste aus. Dafür war Clara Riemann nicht der richtige Typ. Die nur 155 Zentimeter große, aber charismatische Erscheinung hatte andere Wertvorstellungen, als bei Mr Wichtig und Mrs Glamour zu dinieren. Innerlich rollte sie mit den Augen. Aber was hatte sie nicht schon alles gesehen in ihrer Karriere. Sie musste Geschenke für Geliebte besorgen, weil der Chef keine Zeit dazu fand, Verflossene abwimmeln, ohne dass es die Ehefrau mitbekam, sie erfand Alibis und besorgte sich selbst das Weihnachtsgeschenk, das ihr Chef für sie vorgesehen hatte. Es war jedes Jahr das Gleiche und würde auch mit dem Neuen nicht anders sein. Der Mann würde hinter seinem Schreibtisch hervorkommen, ein paar salbungsvolle Sätze sagen, von denen er wohl meinte, dass Chefs es so sagen, wenn es was zu sagen gibt, und dann in den Weihnachtsurlaub verschwinden. Was in dem Paket drin sein würde, war ihm egal, manche haben es zehn Jahre lang nicht erfahren, Hauptsache, nicht über vierzig Euro: »Und, Riemännchen, vergessen Sie nicht, den Beleg auszufüllen, für die Jungs von der Revision!« Dann war er schon raus zur Tür in den Weihnachtsurlaub in »Kitz«, »Moritz« oder »Anton«. Dass es den Nimbus des Insiders wiedergab, wenn man die Namen nur andeutete, hatte Clara auch schon mitbekommen.

Gelegentlich wurde es ihr zu viel, dann sagte sie ihre Meinung, die sich über Monate aufgestaut hatte und nun aus ihr herausplatzte. Ihr letzter Vorgesetzter, der Finanzvorstand des Medienhauses, war ein passiv aggressiver Mann, vollkommen kritikunfähig und von Ängsten vor Veränderung geplagt. Ein Vorstand, dessen demonstrativ zur Schau getragene Werte wie Ordnung, Sauberkeit und ausdrückliche Sparsamkeit, in der sich schon ein leichter Hang zum Geiz postulierte, die eigene Überforderung kaschieren sollten. Anders gesagt, er verlor sich in Details und hatte keinen Blick für das große Ganze. So kam es, wie es kommen musste, Clara wurde angesichts des zwanghaften Zwerges im Zimmer nebenan etwas zu vorlaut, der Zwanghafte fand das gar nicht lustig, und so fand sich Clara nach zwanzig Jahren nun zwei Stockwerke tiefer, eben bei jenem »Chief Marketing Officer« im Vorzimmer.

»CMO«, das klingt beeindruckend. Es lässt vermuten, der Mann sei Mitglied des Vorstands eines Konzerns. Doch weit gefehlt, statt Prokura gibt es noch nicht einmal eine Postvollmacht. Es ist ein klingender Titel, wie sie große Unternehmen an jene verteilen, die auf der Endstufe ihrer Leistungsfähigkeit angekommen sind, was man ihnen aber nur ungern sagen möchte. Managing Director, Managing Partner, Senior Vice President, Vice President oder Associate, das sind die Markenzeichen des Mittelmaßes, inhaltsleere Berufsbezeichnungen, die bestenfalls als Absender auf dem Namensschild jener Fachkongresse dienen, wo die gleiche Sorte Abteilungsleiter der Kaffeepause entgegendöst. Man staunt, wie viele Manager der mittleren Ebene mit Phantasietiteln das eigene Unternehmen nach außen repräsentieren dürfen. Und so sitzen die selbsternannten Gründer von *www.dicke-hose.de* gemeinsam im »Grill Royal« und machen sich gegenseitig vor, jeweils den größeren Marschallstab im Tornister zu haben.

Das »Grill Royal« ist ein angesagtes Szene-Restaurant, wo das inhaltsleere Berlin-Mitte seine verlorengegangene Seele wiederzufinden sucht. Mehr Blender kann man auf fünfhundert Quadratmetern komprimiert in einer Stadt nicht finden. Ein besseres Steak zugegebenermaßen auch nicht. Dennoch ist das Argument, man gehe dort des guten Essens wegen hin, ungefähr so glaubwürdig wie die Schutzbehauptung, man lese die *Bild* wegen des Sportteils oder den *Playboy* wegen seiner pfiffigen Reportagen. Nein, im

»Grill« kommt zusammen, was zusammengehört. Eine selbsternannte Business-Elite, die sich ihres Status sicher sein kann, schon weil es schwarz auf weiß auf Visitenkarten steht. Es ist ein Speiselokal, das irgendwie fast schon konsequent wenig mit einer guten Küche, dafür aber viel mit jenem geraunten »Angelina und Brad waren zur Fashion Week auch da« zu tun hat. Ein Ort, an dem geschickt die Anspielung auf den »Berlin Contemporary Style« einer jungen Kunstszene erzeugt wird, die längst in andere Städte der Welt gezogen ist. Hier zitiert das vermeintlich coole Berlin den Aufbruch vergangener Tage herbei, hier feiern die vom Establishment gezähmten Gangsta-Rapper mit ihren frauen-, schwulen- und sonst wie verachtenden Liedzeilen jene Integrationspreise, die ihnen von einer Medienwelt verliehen werden, die eine Reflektion der eigenen Werte irgendwann in den späten siebziger Jahren begraben haben muss. Aufbruch ist anders. Im Zentrum des Geschehens steht in Wahrheit das »Wagu Beef« für 55 Euro pro Portion und der Aperol Sprizz vorweg, der offenbar kaum jemandem auf der Welt schmeckt, aber von der Mitte-Community im Stellungskrieg der Eitelkeiten an die Ordonnanz des Lokals salutiert wird. Gedämpftes Licht, breite Fauteuils, wenigstens eine Stunde Wartezeit aufs Essen und eine hochgezogene Braue des Maître d'hôtel, selbst wenn man eine Reservierung hat. Irgendwie stört man immer, aber diese subtile Geste der Erniedrigung gehört wohl als Phantomschmerz zu einer Karriere-Elite, die mangels echter Auseinandersetzung sonst nichts zu erleiden hat. Hier, wo Hohlbratze und Flitzpiepe einen draufmachen, lasse ich mich nieder und ordere zur Nabelschau ein Steak und eine Cola.

Links von mir der Managing Director Deutschland eines Konzerns der Filmindustrie. Wahnsinnig wichtig, jedenfalls, wenn man den Gesichtsausdruck seiner blonden Begleiterin zu deuten vermag. Da ist es wieder, dieses »Ich bringe dich ganz groß raus, Baby«. Tatsächlich hat der Mann das, was man in japanischen Unternehmen »einen Platz am Fenster« nennt und in Deutschland kurz als Frühstücksdirektor bezeichnet. Klar, es ist cool mit Will Smith auf dem roten Teppich, aber davon, in Hollywood die Strippen zu ziehen, ist der Mann im wahrsten Sinne des Wortes meilenweit entfernt. Sein Hauptaugenmerk liegt auf der täglichen Anstrengung, dass das niemandem auffällt. Wie mache ich den Leuten hier klar, wer und wie wichtig ich bin?, lautet die Aufgabe des Abends. Drei Mal schon ist er aufgestanden und majestätisch quer durch den ganzen Raum zu den Toiletten geschritten. Es hat nichts geholfen. Menschen, die ihn kennen und ihm freundlich zunicken, werden konsequent ignoriert, man ist schließlich wer. Angesprochen wird, wer sich auf gefühlt gleichem Niveau befindet, wobei man feststellen muss: Das Gefühl trügt. So sitzt der Filmproduzent den halben Abend auf der Toilette, die Blondine gelangweilt allein am Tisch, und rechts neben mir Clara Riemann mit jenem »CMO«, dessen Ruf in der Hauptstadt eine Mischung aus Amüsement und Erstaunen auslöst.

Klaus Reiser trägt allen Ernstes eine Anstecknadel des »Aston Martin Owners Club« am Revers, und er steht dem Vernehmen nach auch im Mitgliederverzeichnis des Aston Martin Clubs im fernen englischen Sussex, besitzt aber kein Fahrzeug dieser Marke. Der Grund für diesen Malus sind seine reizende Exfrau und zwei Kinder, an die ein Großteil seiner Bezüge geht. Reiser ist ein sogenannter Raststätten-Papi. Ein Vater, der seine Kinder in Pforzheim-Ost von der Gattin übernimmt, weil es im Einvernehmen nicht einmal mehr zur Regelung des Besuchsrechtes reichte. Ein Mann der Generation »IMM – Irgendwas mit Medien«, dessen bevorzugter Treffpunkt der »Starbucks Coffee« neben dem Verlagshaus ist, wo er mit einem »Mac« und einem »Latte« immer gerade im »Conference Call« ist, wenn man ihn trifft.

Bei seiner Karriere bewegen ihn Themen, von deren Existenz viele Menschen nicht die leiseste Ahnung haben. Dreiachser oder Vierachser? Das ist keineswegs ein tiefergehendes Interesse an der Zustelllogistik seines Arbeitgebers, sondern die Frage, ob das neue Büro drei oder vier Fensterachsen hat. Apropos Fuhrpark, welcher Wagen ihm zur Verfügung steht, ist noch eine naheliegende Frage, doch wer hielte für möglich, dass in der Welt solcher Führungskräfte lange Gesprächen um das Thema Parkplatz kreisen. Wie weit weg vom Eingang ist der Firmenparkplatz, hat man ihn mit einem Namensschild versehen oder nicht, und wer hat es schon gewagt, seinen Wagen einfach darauf abzustellen? Das sind Fragen, die in erster Linie Männer in gehobenen Positionen beschäftigen. Oder kann man sich eine weibliche Führungskraft vorstellen, die wie Klaus Reiser stundenlang mit dem Personalchef zum Lunch geht, um diesen davon zu überzeugen, ihm ein Beistelltischchen zu besorgen, wie es die echten Vorstände des Konzerns haben? Tatsächlich hatte der Leiter der Abteilung »Human Ressources« etwas viel Besseres in petto – der Mann aus dem dritten Stock zog seinen Joker: Frau Riemann, die ehemalige Sekretärin des Finanzvorstands! Vakant! Ein Hammer. Denn was konnte einer Führungskraft Besseres passieren, als die ehemalige Sekretärin eines Vorstandsmitglieds zu bekommen? Ein Joker, Volltreffer, ein Sechser im Lotto! Reiser wusste, jetzt geht's bergauf. Denn die Riemann war seit fünfunddreißig Jahren im Haus, sie hatte mit sechzehn schon ihre Lehre im Betrieb gemacht. Sie hätte, so wurde gelegentlich erzählt, mit dem alten Verleger einmal eine Affäre gehabt. Bestätigen ließ sich das nie. Immerhin aber kannte Clara Riemann sie alle, ach was, jeder kannte *sie*, denn alle mussten in den vergangenen Jahren an ihr vorbei. Und nun säße sie in seinem Vorzimmer. Ein Hammer, denn die Riemann genoss aufgrund ihrer resoluten Art, ihrer Kompetenz und der intimen Kenntnisse im Hause jenen Respekt, von dem Reiser wusste, dass er ihm bisher verwehrt geblieben war. Die Riemann war ein Statussymbol nach Reisers Geschmack. Denn damit, so hoffte er, würde er nun endlich dem ersehnten Ziel »Vorstandsetage« etwas näher kommen. Das war mal was Reales und nicht nur die kleinen Insignien der Macht, mit denen er sich bisher zu schmücken gesucht hatte, wie die Lufthansa Senator Card oder der dazugehörende kleine rote Lederanhänger, der an seinem beigefarbenen Lederkoffer mit den goldenen Schnallen baumelte.

Die Lufthansa hat den zwar schon vor fünfzehn Jahren abgeschafft, aber Reiser hatte einen bei eBay erstanden. Überhaupt, Marken waren ihm wichtig. Das geht vielen Menschen so, doch bei Reiser ist die Sache kompliziert, denn er ist ein Geizhals, der »Rudis Reste-Rampe« unter den Spesenrittern. Ein Mann, der sich für Berliner Kurzstrecken im Taxi eine Quittung über drei Euro geben lässt und nur dann Ausgaben tätigt, wenn sie einem ganz klaren Ziel dienen: dem Ziel des gesellschaftlichen oder beruflichen Aufstiegs. Sozusagen eine Image-Investition. Sitzt im »Grill« jemand von Bedeutung in Sichtweite, wird die »Meeresplatte« und eine Flasche Tignanello – »Was anderes kann man ja nicht trinken« – geordert, sonst tun es auch ein Rucola-Salat, ein kleines argentinisches Steak und eine Flasche Wasser: »0,3 Liter, bitte.« Einen gewissen Imageverlust musste Reiser schon beklagen, als durch Sportfreunde im Unternehmen bekannt wurde, dass er seine grüne Flasche »Hermès«-Duschgel mit billiger Seife von Lidl nachfüllte.

Doch mit Clara Riemann würde Klaus Reisers Karriere wieder Fahrt aufnehmen, da war er sich sicher. Einen Referenten, wie ihn die Großnasen haben, hatte ihm selbst sein Kumpel aus der Personalabteilung nicht besorgen können. So viel »Schnipo«, also Schnitzel mit Pommes, konnte man gar nicht ausgeben. Und so war es still um ihn geworden, als einer seiner fähigsten Mitarbeiter im Vertrieb, ein Verkaufstalent, das Unternehmen verlassen hatte und auffiel, dass Reisers Beitrag zum Unternehmenserfolg denkbar klein war. Bisher hatte er sich mehr oder weniger durchgemogelt und musste zugeben, dass es immer schwerer wurde, auf den zwischenzeitlich etwas ins Gerede gekommenen Medientreffs der Stadt den Eindruck des Aufsteigers, des kommenden Mannes zu vermitteln. Kein Wunder, denn Reiser war ein Blender. Er hatte nicht wirklich, wie er gern erzählte, in Harvard studiert, sondern nur einen mehrwöchigen Kurs an der »Harvard Summer School« absolviert. Eine schöne Urkunde gab es aber trotzdem, und die hing, wie könnte es anders sein, mit dem in goldener Heißfolie geprägten Wappen der Universität hinter seinem Schreibtisch. Auch die durchaus lesenswerten und zahlreichen Publikationen in Fachzeitschriften der Medienbranche waren nicht von ihm, sondern von einem studentischen Mitarbeiter, der seine Aushilfstätigkeit nach dem Studienende bedauerlicherweise aufgegeben hatte und nun nicht mehr zur Ausbeutung zur Verfügung stand. Sein Allgemeinwissen, noch schlimmer sein Fachwissen, bezog Reiser aus Buchzusammenfassungen von *getAbstract*, die versprachen, man hätte den Inhalt eines Buches in ausreichendem Maße erfasst, wenn man eine achtseitige »Summary« gelesen habe. Bücher waren überhaupt ein interessantes Thema. Aufgrund seiner erheblichen Arbeitsbelastung, so der selbsternannte Bildungsbürger, »hole« er sich meistens die Hörbuchversion von wichtigen Büchern und lege sie im Auto auf dem Weg zur Arbeit ein. »Holen« statt »kaufen«, das sagen stets jene, die dem ersehnten Gegenstand der Begierde eine Beiläufigkeit beimessen wollen, die er eben gerade nicht hat. So sprach Reiser in Runden erfolgreicher Unternehmer und Wirtschaftsführer gern davon, sich demnächst einen Porsche Cayenne »holen« zu wollen, und war sich dabei der amüsanten Offenbarung seiner tatsächlichen gesellschaftlichen Stellung wohl kaum bewusst.

Doch Reiser war nun auch nicht völlig unsensibel. Er spürte, dass er im Umfeld der Karrierestufe, die er zu erreichen suchte, im wahrsten Sinn des Wortes nicht richtig ankam. Um diesen Malus, der sein Ego schmerzte, zu kompensieren, hatte er sich vor wenigen Wochen eine sehr schmale Lesebrille gekauft, über die er nun bei Besprechungen wissend hinwegschaute oder sie in einer geradezu lächerlichen Art und Weise immer wieder auf- und absetzte. Die betuliche Eitelkeit dieser Geste war ihm selbst gar nicht bewusst. Zum Kanon der Überhöhung der eigenen Person gehörte auch, dass Reiser sich mit Nebensätzen zu einem Insider des Weltgeschehens (»letztes Jahr beim World Economic Forum«, zu dem er nicht eingeladen war), wenigstens aber der Konzernleitung (»Darüber darf ich aus Gründen der Vertraulichkeit leider nicht sprechen«) zu machen versuchte. Bei Fachthemen gab er meist Allgemeinplätze von sich, die er mit einem Selbstzitat einleitete: »Wie ich ja immer gern sage«. Mit Erzählungen über Veranstaltungen und offizielle Anlässe versuchte er zu verdeutlichen, dass er jede und jeden kannte und jedes Gerücht schon gehört hatte. Tatsächlich lag genau darin Reisers große Schwäche. Kontakte zu knüpfen oder gar jemanden kennenzulernen, der von Interesse sein könnte, fiel ihm schwer, und das aus dem einfachen Grund, dass ihn andere schlicht nicht besonders interessierten. Obwohl er auf den ersten Blick umgänglich und eloquent wirkte und jede Menge Freunde zu haben schien, war Reiser ein Relationship-Blender, der keinen einzigen guten Freund besaß, den er zum Grillen hätte einladen können.

Reiser hatte verstanden, dass es mehr brauchte, um Vorstand zu werden, und Clara Riemann kam ihm da wie gerufen. Er mochte Fußball und Autorennen und war geradezu selig, wenn ihn ein befreundeter Banker, den er aus Studententagen kannte, zur Formel 1 nach Monte Carlo einlud. Die Trophäen dieser Reisen zu den Erfolgen anderer hingen in Form von Bildern in seinem Büro und standen als kleine rote Autos auf seinem Sideboard, das ihm der Kollege aus der Personalabteilung doch noch verschafft hatte. Ein Top-Executive mit Spielzeugautos auf dem Schreibtisch. Während Frauen mit dem Ende der Pubertät die Pferdebilder von der Wand nehmen, die Barbie-Puppen aus dem Schrank und die Robbie-Williams-CD aus dem Bücherregal werfen, geht es für Männer erst richtig los, nur wird das Spielzeug immer größer. Auf Platz drei der Spielzeug-Hitliste für nicht erwachsen gewordene Männer über fünfzig und in Führungspositionen steht die Privatfliegerei. Ein abendfüllendes Thema, das jeden guten Gast um 22 Uhr nach Hause gehen lässt. Platz zwei nehmen Autorennen und alles, was mit Autos zusammenhängt, ein. Überhaupt, Männer lieben es, in zugigen Garagen, feuchten Kellern oder auf dunklen Dachböden zu sitzen. Da findet dann das statt, was sie als Restfreiheit empfinden, ihr Hobby nämlich. Frauen verstehen das nicht. Zu Garagen haben sie in der Regel ein ganz sachliches Verhältnis. Sie stellen dort ihre Autos ab. Männer brauchen Garagen für alles Mögliche, für Roller und Mopeds, aber auch für rostige Bauteile und alte Nummernschilder. Die nageln sie dort gern an die Wand. Weniger hysterisch, sondern eher zwanghaft geprägte Männer haben alternativ eine Modelleisenbahn im Keller. Platz eins auf der Hitliste für Entscheidungsträger jenseits der fünfzig: mit Fliegersonnenbrille und sportlicher Lederjacke auf einer dicken Harley von Alaska bis Feuerland reisen.

Klaus Reiser träumte aus seinem Büro im dreizehnten Stock über Berlin hinweg und nahm daher von der zunehmenden Isolation seiner Person wenig wahr. Nur die Aussicht auf die große Freiheit genügte ihm allerdings auch nicht. Umso mehr gab ihm zu denken, was ihm ein Aufsichtsrat des Unternehmens beim Neujahrsempfang des Medienhauses im obersten Stockwerk gut gelaunt nach fünf Glas Weißwein steckte. »Schauen Sie sich mal den Chefredakteur Donnersmann an, Reiser, ein toller Typ. Holt hier die Deckungsbeiträge mit seiner Postille rein. Ein Haudegen, ein Profi, ein Könner. Vorstand wird der aber nie.« »Wieso das denn?«, fragte Reiser. »Spielt kein Klavier«, knarzte der Alte und nahm einen Schluck Weißwein.

Der Bildungsblender

Bildungsblender mit Ambitionen auf einen Sitz im Vorstand wissen, dass es gilt, die Unternehmergattin musisch zu becircen (»Er spielt ganz wunderbar Fagott!«), die Frau des Aufsichtsratsvorsitzenden mit vorgeblichen Interessen zu beeindrucken (»Mark Rothko drückt in seinen Farbfeldern so viele Emotionen aus«) oder dem Eigentümer des Familienunternehmens mit »Witzigkeit« auf vermeintlicher Augenhöhe begegnen zu können (»Mancher glaubt ja, bei Richard Strauss könnte man mit der Frau ohne Schatten Walzer tanzen«), um in höchste Positionen befördert zu werden.

Wir glauben gern, gebildete Menschen blendeten weniger, wir schreiben ihnen ethisches Verhalten zu, wo der Halo-Effekt längst für sie arbeitet. So sind wir allzu rasch bereit, sogar einer ganzen Gruppe von Menschen einen positiven Wert zuzuschreiben. Beispielsweise an einem Ballettabend. Man unterstellt gern, dass jene, die im großen Saal sitzen, von besserem Charakter, aufrichtiger, besonnener sind. Umso schockierender, wenn jemand dieses heilige Einvernehmen, in dem man sich kaum zu hüsteln traut, unterbricht.

Zackiges William-Forsythe-Zappeln auf der Bühne und dann eine Übersprunghandlung angesichts der nackten Primadonna: »Was für ein Dreck«, schrie jedenfalls ein Mann durch die Frankfurter Oper, »ich kann diesen Mist nicht mehr sehen!« »Halt's Maul, oder du fliegst hier raus!«, schallte es bedrohlich aus der anderen Ecke des Hauses. Die Zuschauer waren schockiert. Eigentlich ein harmloser Schlagabtausch, wie er in Werkshallen, Büros und auf Schulhöfen regelmäßig stattfindet. Und doch war das Publikum aus einem idealistischen Traum gerissen, dem Traum, es müsse unter Intellektuellen, wenigstens intelligenten Menschen, zivilisierter, gar harmonischer zugehen. Die heile Welt eines Einvernehmens, das nie bestand, ist in Sekunden zerbrochen.

Es gibt viele Aufreißer, die Frauen beim ersten Date weismachen wollen, es interessiere sie Oper, Konzert, Ballett oder Literatur, und sie sind leicht zu durchschauen. Der Bildungsblender dagegen hat mehr drauf, denn er simuliert das Leben eines Intellektuellen schon so lange, er hat sich die Geschichte seiner vermeintlichen Bildungsansprüche schon so oft erzählt, dass er selbst der Meinung ist, sie seien Realität. Man erkennt ihn erst auf den zweiten Blick, weil seine Mittelmäßigkeit weniger offensichtlich, seine Mediokrität deutlich besser getarnt ist. So stand ich neulich bei einer privaten Abendeinladung vor einer umfassenden Bücherwand, einer Bibliothek, die nur eines ausdrücken sollte: »Ich bin belesen.« Dieser Eindruck wäre auch gelungen, wenn der Gastgeber des Abends es unterlassen hätte, die vollständige Sammlung der weit über tausend Bücher der legendären »Edition Suhrkamp« nach Zahlen zu ordnen. Die Begründung des Hausherrn für das Ordnungssystem: »Die Farben ergeben dann so eine schöne Farbpalette.« In einer Fernsehsendung, in der es ums Kochen zu Hause ging, stellte sich ein etwas vulgärer Hausherr nicht minder selbstbewusst vor seine Bücherwand, deren unterschiedlichste Bücher er zum Erstaunen der Besucher nach Farben sortiert hatte. Beim einen wie beim anderen spannte sich statt eines vielfältigen Regenbogens der Bildung nur ein Rettungsschirm simulierter Intellektualität. Und weil dies keinesfalls selten ist, sind die Buchverlage auf die Klientel der Bildungsblender eingestellt. Wer sich eine Bibliothek zulegt und auf weiße Regale starrt, dem wird mit zehntausend Euro von Suhrkamp gern der Kasten vollgemacht. Wer weniger investieren will, dem bietet die Firma FRONT das Modell »bookshelf«, eine Art SOS Billy Blender-Regal, ein enormes Möbelstück, dem eine bunte Fototapete mit Bücherschrankmotiv aufgeklebt wurde. Allerdings könnte man angesichts der Kosten von zweitausend Euro das Motiv auch schon fast mit echten Büchern nachstellen. Endgültig im Zeitalter des Schein-statt-Sein werden wir angekommen sein, wenn die Bücher-FRONT mehr kostet als die echten Bücher.

Neu ist diese Entwicklung jedoch nicht. Schon 1940 nahm sich der irische Schriftsteller Flann O'Brien in seiner wöchentlichen Kolumne *»Cruiskeen Lawn«* der Neureichen und bildungsbeflissenen Parvenüs an, also jener Emporkömmlinge, die zwar erfolgreich, aber vulgär sind. Er empfahl ihnen die Beschäftigung von professionellen

»Buchhandhabern«, nachdem es ein Desaster jeder mühseligen Maskerade sein würde, sollte ein Gast feststellen, dass die Bibliothek voll von Büchern ist, die nie angefasst, geöffnet, geknickt, mit Eselsohren versehen, von Teetassen befleckt, angerissen, beschriftet, markiert, beschlafen oder einfach nur gelesen wurden. Von solchen, die erst gar nicht aus dem Cellophan-Papier ausgepackt wurden oder in denen sich noch ein Kassenzettel von 1996 findet, ganz zu schweigen. Dieser Bildungsbankrotterklärung gilt es vorzubeugen. O'Brian empfiehlt deshalb eine professionelle Vorgehensweise beim »Einlesen« der eigenen Bibliothek durch Dritte. In schönstem landestypischem Sarkasmus preist der Ire eine von ihm erfundene Maschine, benzinbetrieben, die Seiten umblättern kann und in fünf Minuten ein Werk, in Monatsfrist eine Bibliothek durchgearbeitet haben würde, wozu ein belesener Mensch ansonsten zehn bis fünfzehn Jahre brauchte. Aber auch das Einlesen durch einen lebenden »Handhaber« sei möglich, der zudem Unterstreichungen vornehmen, Eselsohren knicken und Buchrücken brechen würde.

Doch zurück zu den Bildungsblendern im Beruf: Wer es in einem Unternehmen an die Spitze schaffen will, kommt um ein gewisses Maß an Benehmen, Manieren und Kultiviertheit tatsächlich nicht herum. So bleibt einem Hamburger Bankdirektor trotz aller unbestrittenen Erfolge tatsächlich die letzte Stufe zur Vorstandsetage verwehrt, weil sich irgendwann im Aufsichtsrat herumgesprochen hatte, dass er mit hochrotem Kopf spielende Kinder aus dem aufgerissenen Altbaufenster seiner 300-Quadratmeter-Wohnung in einer überaus gediegenen Wohngegend in Eppendorf anzubrüllen pflegte, die seine Ruhe störten. Aufsichts- und Verwaltungsräte, Eigentümer und deren Witwen, sie alle folgen dem nach wie vor gültigen Kodex, dass, wer ein großes Unternehmen verantwortlich leiten will, eines gewissen sozialen Umgangs, eines Maßes an Bildung und Kultiviertheit bedarf. Daran hat selbst die »New Economy« wenig geändert. Erwartet wird der Ausweis dieser charakterlichen Eignung, wenn man in den Kreis jener eintritt, die zur sogenannten Wirtschaftselite gehören.

Topmanagement
Der Schlipswichser

Man könnte meinen, ganz oben an der Spitze gäbe es keine Blender mehr, sondern nur noch jene, die es durch Kompetenz geschafft haben. Das ist unzutreffend.

Niemand weiß das besser als Clara Riemann. Nach über dreißig Jahren im Verlagshaus hat sie für pompöse Charaktere mit beschränktem Kritikverständnis, also jene Vorstände, die beim ersten Betreten ihres neuen Büros meinen, eine andere Person werden zu müssen, einen zusammenfassenden Gattungsbegriff gefunden: »Schlipswichser«. Ein Begriff, der sowohl hohe inhaltliche als auch lautmalerische Qualitäten besitzt. Er formte sich bei Clara in den Zeiten, als die Vorstände des Unternehmens noch in Diktaten zu schwadronieren pflegten. So fiel der attraktiven Vorstandsassistentin schon in jungen Jahren auf, dass die Briefe der Chefs immer auch ein wenig zu ihrer Beeindruckung diktiert wurden. Formulierungen, die Macht und Status ausdrücken sollten, wo weniger tatsächlich mehr gewesen wäre. Und während die Streifenhörnchen auf der Kommandobrücke des Wirtschaftsdampfers so vor sich hin parlierten, rieben sie sich angesichts der jungen Frau auf der anderen Seite des Tisches gedankenverloren an ihren

Krawatten auf und nieder, immer wieder. *Honi soit qui mal y pense,* wie die Franzosen sagen, ein Schelm, wer Böses dabei denkt. Clara Riemann teilte Neuankömmlinge auf der obersten Etage, die sie zu Recht als ihre Etage empfand, seit Jahrzehnten in zwei Kategorien ein. Die Macher, also jene echten Führungskräfte, die den Anspruch hatten, etwas zu gestalten, eigenständig, widerspruchsbeständig, kritikfähig und oft mit nervtötenden Ecken und Kanten. Sie waren trotzdem allemal besser als die zweite Kategorie, die bei Clara Riemann unter den Begriff Schlipswichser fielen. Das waren jene hochbeförderten Mitarbeiter, die Vorstand nur spielten, im Herzen aber eigentlich Angestellte geblieben waren. Ihre Überforderung drückte sich auch darin aus, dass sie sich in Nebensächlichkeiten verloren. So erinnert sich Clara gern an den Vorstand, dem es mehr um das Wohlbefinden der Schwäne auf dem Teich vor dem Verwaltungsgebäude ging als um die dreizehntausend Mitarbeiter. Oder an jenen Formalienreiter, dem besonders am peniblen und korrekten Ausfüllen von internen Anträgen und Formularen lag. Oder an jenen Orientierungslosen, der stundenlang in nahezu leeren Tischkalendern blätterte und damit seinem Eskapismus frönte. Anzeichen der Überforderung fallen natürlich nicht immer gleich auf. Die Regel ist sogar, dass sie in hierarchisch strukturierten Unternehmen verdeckt werden und sich dadurch Vorstände in Positionen halten, die längst anders hätten besetzt werden müssen. Offenbar gibt es in Hierarchien eine gesellschaftliche Akzeptanz des Versagens, insbesondere auf der obersten Stufe. Die jeweiligen Führungskräfte können sich schonen. Entschuldigungen für ihre Leistungsdefizite suchen vorauseilend sogar andere für sie. »Management by Excuses« nennen die Amerikaner dieses Führungsverhalten hilflos überforderter Leistungsträger, die auf die Stufe ihrer eigenen Inkompetenz befördert wurden, wo ihr Versagen jedoch keine Konsequenzen nach sich zieht, wie der US-Wissenschaftler Laurence Peter in seinem gleichnamigen Buch *Das Peter-Prinzip* schon 1969 festgestellt hat. Die Ausreden sind so üblich, dass sie schon allgemein konsensfähig geworden sind. Da ist dann von »hundert Tagen Schonzeit« die Rede. In Sätzen wie »Ich muss mich noch einarbeiten« oder »Ich verfüge noch nicht über alle Informationen« werden Defizite gefällig versteckt.

Wer es tatsächlich bis in die Chefetage gebracht hat, kann sogar darauf setzen, dass das Blenden sehr viel leichter geworden ist. Von Stufe zu Stufe auf der Karriereleiter ist das so, und wer es bis ganz nach oben geschafft hat, kann sich darauf verlassen, dass die meisten Mitarbeiter, Bürger oder Angestellten der Ansicht sind: »Es wird schon seinen guten Grund haben, dass der dort sitzt.« Das ist falsch. Der Grad an Inkompetenz ist auch in der Chefetage keineswegs geringer als in anderen Bereichen des täglichen Lebens. Landräte, die Brücken ins Nirgendwo bauen, Chefärzte, die das gesunde statt das kranke Bein amputieren, Topmanager, die ihre persönliche Bedeutung durch eine große Fusion mit einem anderen Unternehmen aufzuwerten versuchen, auch wenn Studien immer wieder belegen, dass 97 Prozent aller Fusionen zum wirtschaftlichen Nachteil der Beteiligten sind. Für den Vorstandsvorsitzenden ist es eine Hochzeit im Himmel, während die meist zu Recht misstrauischen Angestellten eher das Gefühl haben, im Himmel sei Jahrmarkt. Das Versagen der Schlipswichser teilt sich in zwei Extreme des fröhlichen Untergangs: Titel- und Großmannssucht, also Eitelkeit, und die Kategorie Inkompetenz und Überforderung.

Titelsucht und Eitelkeit

Was könnte mangelndes Selbstwertgefühl offensichtlicher zur Geltung bringen als das Bedürfnis nach Titeln und Orden? Dabei spielen nicht zu unterschätzende Moden eine ziemlich große Rolle. Wer heute noch Konsul ist und mit einem albernen »CC«-Blechschild an seinem Jaguar durch Offenbach juckelt, ist raus. Ganz schlecht. Wie Pit, der Schwerenöter aus *Scheißkerle*, ein notorischer Bauträger und Trockenblumensträußchen-Verteiler, der mit den Insignien einer lateinamerikanischen Bananenrepublik auf Kunden- wie auf Frauenfang ging. Doch wer sich heute noch mit »Herr Konsul« anreden lässt, kann auch gleich als Prinz Karneval in Kölle das Dreigestirn bieten. Für die ältere Generation hat die Sache wenigstens noch den gefühlten Charme der Damenwahl im Café Keese auf der Reeperbahn. Solch atmosphärische Dichte verströmen schließlich Titel wie beispielweise jener der Generalkonsulin von Senegal, Ute Ohoven (»alles nur für die Kinder«), oder jener des ehemaligen Puffbetreibers Hans Robert Lichtenberg, der als Prinz Frédéric von Anhalt bekannt wurde, oder jener des Operettenkönigs aus dem Rheinland, Consul (mit »C«, bitte!) Hans-Hermann Weyer, adoptierter Graf von

York, der in einem Interview mit dem *Manager Magazin* unlängst zum Besten gab, dass Guttenberg natürlich noch Minister wäre, wenn er bei ihm »gekauft« hätte. Manche Titel sind geradezu »Family Business«, auch wenn es sich keineswegs um »Adel« handelt. Wie der unstudierte »PR-Manager« Moritz Hunzinger, der in Talkshows der ARD als Honorarprofessor einer ukrainischen Hochschule seine aus Vorstrafe und Politikskandalen resultierenden Wunden zu lecken pflegt. »Was lehrt der Mann wohl an der pädagogischen Hochschule in Dragomanovdingsda?«, fragten die Autoren Christian Hirn und Christian Rickers in einem sehr amüsanten Essay zu Recht. Man will es sich lieber gar nicht erst vorstellen. Sein Zwillingsbruder ist ehrbarer Ehrenkonsul der zweifellos ehrbaren Seychellen in Frankfurt. Wenn das keinen Tisch beim Italiener in der ersten Reihe gibt, dann weiß ich auch nicht. Vielleicht kommen die Ohovens noch dazu, dann ist in der selbsternannten Promi-Diaspora von Frankfurt am Main mal richtig was los!

Der Drang, sich mit einem klingenden Titel anreden zu lassen, ist ungebrochen, allein der Kontext des gesellschaftlichen Umfelds ändert sich und damit die Bedeutung der klingenden Bezeichnungen einer selbsternannten Elite. Während man als Konsul, Ritter der Ehrenlegion oder Senator gerade etwas démodé ist, war im Deutschen Kaiserreich des Jahres 1906 der arbeitslose Schuhmacher Wilhelm Voigt, der sich in der Militäruniform eines Hauptmanns der Stadtkasse bemächtigte, durchaus zeitgemäß unterwegs. Würde heute ein Oberst der Bundeswehr das

Rathaus betreten, bekäme er wahrscheinlich nicht einmal einen Kaffee angeboten. Heute sind Professoren, Dozenten, Lehrstuhlinhaber groß in Mode. Dass jemand, der wenig Erfolg hat, dann darauf hofft, mit einem gekauften Titel seine Außenwirkung zu stärken, ist schlimm genug. Geradezu unglaublich ist es aber, welche Verrenkungen selbst ernstzunehmende Vorstände von Großkonzernen, Behördenleiter, Minister und Unternehmensführer machen, um sich den Professoren-, Doktoren- oder Privatdozententitel zu sichern. Topmanager, die mehr Zeit darauf verwenden, den mühsam erkämpften Titel zu erhalten, als sich um den Fortgang der ihnen anvertrauten Unternehmen zu kümmern. Minister, die sich für zwei erschwindelte Buchstaben vor dem Namen um Amt und Würde bringen, und Unternehmer, die hoffen, die Dozentur einer Provinzuniversität würde ihnen endlich jene Aufmerksamkeit bringen, die sie durch ihre unzweifelhafte Leistung als erfolgreicher Mittelständler schmerzlich vermissen.

Heute ist es der Professor, der die gesellschaftliche Strahlkraft hat, die einst dem General, dem Konsul oder Ritter beigemessen wurde. Ein wenig Zuwendung an eine notleidende Universität jenseits des ehemaligen Eisernen Vorhangs, eine kleine Sachspende nach Sibirien oder ein paar harte Euro in die Ukraine, und schon ist man Inhaber akademischer Würden, ohne je studiert zu haben. Die Sache hat einen klitzekleinen Haken: Die Würden höherer Bildung sind in Deutschland aus gutem Grund nicht anerkannt oder dürfen nur mit dem Zusatz jener Universität geführt werden, die den schönen Titel für lau herausgerückt hat. Doch den von Geltungsdrang geschundenen Seelen naht erlösende Rettung einer Würde, die sie käuflich erworben haben. Sobald ein Land der EU beitritt, dürfen die das Prestige beeinträchtigenden Zusätze weggelassen werden. Dazu muss die vergebende Hochschule jedoch wenigstens als Universität anerkannt sein. Das traf den Chef einer der immerhin größten Marketingberatungen der Welt durchaus empfindlich. Udo Klein-Bölting hatte sich den Doktortitel mit etwas Geld von der als »Titelmühle« berüchtigten Freien Universität Teufen erworben und unrechtmäßig zwei Jahre in Deutschland geführt.

Es ist ein hervorragend organisiertes Geschäft, das mit den sogenannten *diploma mills* betrieben wird, denn der Drang nach Geltung und sozialem Ansehen ist grenzenlos und die Motivation, einen Titel durch harte Arbeit zu erlangen, eher gering. So blüht ein weltweit bestens gelaunter Handel mit akademischen Würden aller Art. Die Anzeigen, mit denen dieser Handel wirbt, sind immer ähnlich. Sie versprechen einen akademischen Abschluss, auch ohne abgeschlossenes Studium. Kunststück, denn dann hätte man schließlich einen. So wurde unser Werbeheld auf der Homepage der Freien Universität Teufen mit den Worten angeworben: »In Ausnahmefällen ermöglichen eine weiterführende Berufsausbildung, wissenschaftliche Veröffentlichungen sowie Fremdsprachen ein Studium auch ohne allgemeine Hochschulreife. Entscheidend ist in jedem Fall, dass Sie mindestens zwei Jahre erfolgreich auf Ihrem Spezialgebiet tätig sind oder waren.« Keine Frage, zwischen der Schweiz und Deutschland gibt es Abkommen über die gegenseitige Anerkennung der Ausbildungsnachweise und Abschlüsse, der Titel und erworbenen akademischen Leistungen. Die Freie Universität Teufen ist nur leider keine eidgenössisch anerkannte Hochschule. Damit ist das Führen des Titels, zu welchem Phantasiethema auch immer, in Deutschland zum Glück strafbar. Der oberste Consultant der BBDO-Gruppe war da wohl schlecht beraten, und seine eigene Marke wurde eher ab- als aufgewertet.

Doch seit Guttenberg hat selbst die Promotion ihren Klang verloren. Die Titelhuberei, das Blenden mit Professorentiteln und sonstigen Insignien der Bildungselite ist Gift für ein Land, dessen Rohstoff das immaterielle Vermögen, also die geistige Leistung seiner Bürger ist. »Der Professorentitel ist eines der wenigen erstklassigen Distinktionsmerkmale, die unsere Gesellschaft noch hat«, sagt der Soziologieprofessor Michael Hartmann von der TU Darmstadt. Über ein Viertel aller Vorstands- und Aufsichtsratschefs sind folglich mit dem Prof. vor dem eigenen Namen ausgestattet. Dabei werden Honorarprofessuren in der Regel erst nach einigen Jahren ehrenamtlicher Tätigkeit verliehen. Quasi als Dank für den unermüdlichen Einsatz am Nachwuchs. Das wirft die Frage auf, ob der Zeitaufwand, den Vorstände, Aufsichtsräte und Manager dem Erhalt ihrer sicher ordentlich erworbenen Universitätsmandate widmen, noch in Einklang mit der Unternehmensführung zu bringen ist. Dazu investieren deutsche Topmanager nämlich ein erhebliches Maß an Zeit und Aufwand in Seminare, Vorlesungen und Lehrtätigkeit. Doch ist es in der Regel an deutschen Universitäten ausgeschlossen, dass man ohne akademische Vorbildung, entsprechende Publikationsliste, mithin ein abgeschlossenes Studium, diese Weihen empfangen darf. Bei genauerem Hinsehen wird die Sache offenbar nicht ganz so eng gesehen, zumal in einigen Bundesländern, wie Berlin, Brandenburg und Hessen, der Prof. wie eine Auszeichnung verliehen werden kann. Unter den Spitzenreitern der Titelritter findet sich auch ein Fabrikant aus Norddeutschland: Er ist natürlich Honorarkonsul, dazu ein Oberst der Reserve, Ehrensenator, Ehrenkommendator, Ehrenbürger, und Präsident einer großen Dachorganisation der Industrie ist er auch. Die Frage danach, wie es zu so einer Ämter- und Titelhäufung kommt, ist naheliegend, viel aufschlussreicher ist aber die Tatsache, dass man selbst bei aufwendigster Recherche keine Frau findet, dic sich in einer ähnlichen Art und Weise aufzuplustern sucht, die so viele Titel, Auszeichnungen und Ämter brauchte, um sich ihrer selbst sicher zu sein. Die Lust darauf, allein auf dem Siegertreppchen zu stehen und sich danach larmoyant über die dort herrschende Einsamkeit zu beschweren, scheint durch und durch männlich zu sein.

Natürlich ist nicht jede Auszeichnung, nicht jede Anerkennung, nicht jedes Amt gleich der Hinweis auf eine überzeichnet narzisstische Persönlichkeit. Viele Auszeichnungen werden zu Recht verliehen, in unzähligen Ehrenämtern wird Gutes und Sinnvolles geleistet. Doch es gibt eben auch immer mehr Gegenbeispiele, und das sogar unter den vermeintlich seriösen Ehrungen der Bundesrepublik Deutschland. So wenden sich ernstzunehmende Bürger mitunter gegen die mittlerweile eher zweifelhafte Ehrung mit dem Bundesverdienstkreuz, das eigentlich den Stillen, den Ehrenamtlichen, den Helfern im Hintergrund vorbehalten sein sollte. Denn die Männer aus dem obersten Stock, sie stehen auch hier in der ersten Reihe. Nehmen wir beispielsweise die Commerzbank AG, ein Finanzinstitut, bei dem sich viele angesichts der Beteiligung des Bundes fragen: Bin ich noch Kunde oder schon Mitinhaber? Der langjährige Commerzbank-Chef Klaus-Peter Müller wollte sein Bankhaus durch aberwitzige Zukäufe unter anderem der schiefliegenden Dresdner Bank AG und der noch schiefer liegenden Eurohypo AG zu einem Mitwettbewerber der Deutschen Bank machen und trieb es damit an den Rand des Bankrotts. Der Steuerzahler beteiligte sich unfreiwillig mit 25 Prozent und setzte dafür Milliarden Euro ein. Ein Schnäppchen, könnte man meinen. Die Sache hatte den kleinen Schönheitsfehler, dass sich die ganze Bank gegenwärtig an der Börse wegen zu vieler vergifteter Papiere im Portfolio dem »Penny Stock«, also einer Aktie unter einem Euro Wert, nähert. »Commerzbank in höchster Not«, titelte das *Manager Magazin* unlängst. Unter regulären Marktbedingungen hätten die Deutschen wahrscheinlich mit der stattlichen Summe gleich mehrere Commerzbanken erwerben können und nicht nur ein Viertel eines Unternehmens, dessen »Systemrelevanz« niemand wirklich je belegen konnte oder wollte.

Gerettet wurde die Commerzbank samt ihrem Chef Müller dank öffentlicher Gelder und mit dem Segen einer rechtzeitig einsetzenden Finanzkrise, der man die Schuld zuschieben konnte. Dieser aufgrund seiner Körpergröße intern gern liebevoll auch als »der kleine Müller« bezeichnete Held des Finanzwesens wurde nichtsdestotrotz als ebensolcher durch den Staat geehrt. Im Herbst 2011 wurde der Bankboss mit dem Großen Verdienstkreuz der Bundesrepublik Deutschland ausgezeichnet. Sinngemäß könnte man sagen: Normales Bundesverdienstkreuz für kleine Krisen, Großes Bundesverdienstkreuz für Milliardenpleiten. Der schon zitierte Moritz Hunzinger muss sich daher mit einem einfacheren Bundesverdienstkreuz (immerhin) am Bande begnügen – bitter. Doch schuldet deine Bank dem Staat Milliarden, gibt es den großen Verdienstorden. Wofür? Im Fall der Commerzbank für die Verdienste des Herrn Müller um den Finanzplatz Frankfurt in der Finanzkrise, wie die Staatskanzlei des hessischen Ministerpräsidenten erklärte. Klingt wie eine lustige Geschichte aus Absurdistan. Doch wem bekannt ist, wie rigide die Commerzbank mitunter mit mittelständischen Kunden umgeht, der kann das nur bedingt amüsant finden. Der guten Ordnung halber sei noch ergänzt, dass Herr Müller natürlich auch »Ehrendoktor« der Finanzuniversität der Russischen Föderation, selbstverständlich Honorarprofessor an der Frankfurt School of Finance ist, und das Ehrenkreuz der Bundeswehr in Gold wurde ihm auch verliehen. Müller ist bis heute trotz allem Aufsichtsratsvorsitzender der Commerzbank AG. Der Vorstandsvorsitz der Bank, also die operative Verantwortung, wurde elegant seinem Nachfolger Martin Blessing übertragen, der sich nun mit unaufgeregter Sachkenntnis, Ernsthaftigkeit und durchgedrücktem Kreuz daranmacht, das Bankhaus vor dem drohenden

Untergang zu bewahren. Von Orden, Honorarprofessuren und Goldmedaillen ist bei Blessing interessanterweise bis dato nichts bekannt. Dem Mann genügt offenbar der zu Recht erwiesene Respekt von Mitarbeitern und Kunden, um seine ganze Kraft der Aufgabe zu widmen, die ihm anvertraute Bank aus der Krise zu führen.

Der leichtfertige Umgang von Vorständen mit riesigen Geldsummen, die ihnen von Staat, Steuerzahlern, Aktionären oder Eigentümern anvertraut wurden, ist jedoch keine Seltenheit. Die Geschichten um Karstadt, DaimlerChrysler (»Hochzeit im Himmel«), Commerzbank und anderen sind keine Zufälle. Sie sind auch das Ergebnis eines unerschütterlichen Geltungsdrangs ihrer Führungsfiguren, denen Bürger, Angestellte und Geschäftspartner qua Position höchste Achtung und Respekt entgegenbringen. Und dennoch sind sie eben auch Blender, die für ihre Großmannssucht die Zukunft Tausender Mitarbeiter in den betroffenen Unternehmen aufs Spiel setzen.

Nach den Sternen gegriffen hat der Vorstandsvorsitzende der DaimlerChrysler AG, und er ist dabei ebenso abgestürzt wie der österreichische Finanzminister Grasser, dessen Freunde, so wird es Grasser vorgeworfen, zu nah an das Finanzministerium heranrücken durften. Der eindrucksvollste Protagonist der letzten Jahre ist sicherlich der ehemalige Vorstandsvorsitzende von Karstadt und als solcher bezeichnete »Super-CEO« Dr. Thomas Middelhoff. Die *Frankfurter Allgemeine* widmete ihm im März 2011 unter dem Titel »Verlust der Realität« eine Doppelseite, die man getrost als vernichtend bezeichnen darf. Unter den Überschriften »Charisma«, »Geld«, »Lüge« und »Scheitern« wird das Bild eines Mannes gezeichnet, dessen Hinterlassenschaft 32 Kilometer Akten in einem dafür angemieteten Gebäude beim Landgericht Essen umfasst.

Middelhoff, Guttenberg, Grasser, sie alle sind strahlende Männer mit einer glänzenden Außenwirkung, sie verstehen es, sich darzustellen, und sie stehen für etwas, das Menschen magisch anzieht: Erfolg. Selbst in der größten Krise wirken sie noch erfolgreich. Wie sehr wir uns vom, wenn auch nur scheinbaren, Erfolg anderer blenden lassen, zeigt ein Beispiel aus einer RTL-Straßenumfrage. Ein Reporter begab sich in einem Anzug in die Innenstadt und bat Menschen um zehn Euro, die er für Lebensmittel ausgeben wolle. Erwartungsgemäß war das Ergebnis ernüchternd, zu essen gab es nichts. Der gleiche Mann im gleichen Outfit saß später in einem roten Ferrari und bat vorbeikommende Passanten ebenfalls um zehn Euro: »Die Finanzkrise hat mich schwer erwischt, ich brauche etwas Geld, um den Wagen aufzutanken.« Und tatsächlich, fast alle Vorbeikommenden gaben etwas. Manche lachend, manche hilfsbereit. Die Frage, warum das so ist, lässt nur einen Schluss zu. Die gebenden Passanten hofften offenbar, durch ihren Beitrag einen Teil vom Glück eines Ferrari-Besitzers abzubekommen, ob nun materiell oder immateriell. Sei es, dass sich im Hinterkopf regte: »Na, wenn der wieder zu Geld kommt, dann erinnert er sich vielleicht an mich«, oder aus der Idee heraus, jemand könnte selbst Glück erhalten, wenn er jemandem hilft, der wenigstens schon einmal Glück hatte. Die Sache funktioniert auch umgekehrt.

Behinderte können davon ein Lied singen, wenn sie ausgegrenzt werden, weil Menschen die absurde Angst haben, ihnen könnte Ähnliches widerfahren.

Warum hat all das Relevanz im beruflichen Kontext? Weil wir es bei Erfolgstypen oft mit Menschen zu tun haben, deren primäre Angst die vor der Endlichkeit des Lebens ist. Und so stellt sich ihnen und anderen ihr Leben als mühelos, voller Spannung und Aktivität dar. Diese Menschen wirken auf andere attraktiv, weil sich bei ihnen Kreativität, ein ansprechendes Äußeres und das Wissen um die eigene Wirkung vorteilhaft vereinen. Allerdings ist der Übergang zum Blender fließend, sind die vorteilhaften Charaktereigenschaften rasch im Rausch der positiven Beantwortung durch das Umfeld überzeichnet und werden so überakzentuiert und geraten damit zur Show. Das kann im Extremfall auch in Formen krankhaften Geltungsdrangs münden, dann haben wir es mit einer »Felix Krull«-Persönlichkeit zu tun, die nur noch auf die äußere Wirkung ausgerichtet ist, das eigene Sein vollständig erfindet und damit die Grenze zum Betrug überschreitet.

Inkompetenz und Überforderung

Bis zu einer Stufe die Karriereleiter emporgeklommen zu sein, die eigentlich den eigenen Kompetenzen nicht mehr entspricht, und dort fulminant zu versagen, das wird als »Peter-Prinzip« bezeichnet. Diese Stufe der Inkompetenz ist letztlich das Ergebnis dessen, was Männer Frauen zunächst vordergründig vorauszuhaben scheinen. Ein wesentliches Mittel dafür, diese Stufe zu erreichen, ist vielen

Frauen vollkommen fremd, es besteht darin, Dinge einfach zu behaupten. Männer stellen etwas in den Raum und sich somit dar. Für Frauen ist das gleichermaßen faszinierend und abstoßend, es führt nicht selten zu der Frage: »Habe ich da irgendwas nicht richtig mitbekommen?« Denn viele weibliche Führungskräfte können gar nicht nachvollziehen, wie man(n) so selbstsicher und oft sogar selbstherrlich behaupten kann, etwas zu wissen. Es beeindruckt immer sehr, wenn jemand sich hinstellt und sagt: So ist das und nicht anders. Man muss Männern in diesem Zusammenhang zugutehalten, dass diese Haltung auch echte Erfolge hervorbringt und deshalb nicht nur als reines Blendwerk abgetan werden kann. Wer einmal gelernt hat, welchen ungeheuren Effekt es haben kann, sich hinzustellen und zu sagen, die Dinge sind eben so und so, der hat oftmals geradezu einen Schlüssel zum eigenen Erfolg gefunden. Denn anders, als man gemeinhin denken könnte, hinterfragen die meisten Menschen die Herkunft des so in den Raum gestellten Wissens nicht, sie fragen nicht nach Quellen, Belegen oder wenigstens einer schlüssigen Herleitung. Die meisten Menschen sind im Gegenteil geradezu dankbar dafür, wenn ihnen jemand erklärt, wie etwas ist und welche Schlüsse daraus zu ziehen sind. Der durchaus positive Effekt dieser Behauptungskultur resultiert aus der »Selffulfilling Prophecy«. Man kann sich eine Sache so lange selbst erzählen, bis sie dann tatsächlich eintritt, bis sie durch die ständige Wiederholung geradezu zum Leben erweckt wird. Das ist ein durchaus unternehmerischer Ansatz. Denn das Wesen echten Unternehmertums liegt immer im Spannungsfeld dieses »Es ist zwar noch nicht so, aber es könnte ja werden«. Der Mut liegt in der Behauptung, dass es in jedem Fall so sein wird, wie man sich das vorstellt – und darin, dann Mitstreiter, Financiers, erste Kunden und Lieferanten zu finden, die den Weg mitgehen. Wer diese Phase übersteht, ist ein Held, ein Teufelskerl, und wird bewundert. Wer die Phase nicht besteht, gilt als Blender, als Lügner, als Schaumschläger. Tatsächlich ist es mutig, etwas in den Raum zu stellen, den Versuch zu unternehmen, etwas zu erreichen. Wer darin dann scheitert, ist eben kein Blender, weil hier keine Strategie eingeschlagen wurde, andere zu betrügen, ihnen etwas vorzumachen, auch wenn jene, die es selbst nie versuchten, das gern zu insinuieren suchen.

Geblendet wird, wo der vorbezeichnete Effekt als Mittel genutzt wird, ohne Inhalt, ohne Substanz. Denn wer einmal verstanden hat, wie leicht es ist, sich Autorität anzumaßen, sich mit einer Behauptung durchzusetzen, die keinesfalls belegt ist, der gerät in Versuchung, daraus ohne Leistung und Inhalt mehr zu machen. Die Schamgrenze sinkt dabei so rasch wie bei Schülern, die Scheiben einwerfen und dafür nicht zur Rechenschaft gezogen werden.

Das ZDF hatte im Jahr 2003 die Sendereihe *Unsere Besten – Wer ist der größte Deutsche?* produziert, sozusagen eine historische Hitparade. Je zwei Prominente besprachen das Für und Wider einer historischen Figur. So trafen zum Thema Reichskanzler Otto von Bismarck Gregor Gysi und der Journalist Helmut Markwort aufeinander. Markwort, wie immer penibel vorbereitet, argumentierte bei den im

Vordergrund der Diskussion stehenden Bismarck'schen »Sozialreformen« historisch, Gregor Gysi, wie zu erwarten, polemisch-ideologisch. Gysi vertrat haarsträubende historische Thesen, um seine Sicht der Dinge bezüglich der sozialen Verhältnisse heute zu belegen. Das Publikum, amüsiert und rhetorisch eingefangen, klatschte und stimmte zu. Nach der Aufzeichnung hörte ich Markwort zu Gysi sagen, dass seine Äußerungen historisch falsch gewesen seien. Darauf erwiderte Gysi ganz ohne Scham: »Aber das weiß ich doch, Herr Markwort. Gesendet wird es aber trotzdem.« Nun ist Gysi ein gebildeter Mann, und ob die Sache lauter oder unlauter ist, das mag jeder für sich selbst entscheiden. Möglicherweise ist sie schlicht der politischen Realität geschuldet, in der wir leben. Ungleich problematischer wird es, wenn das Blendwerk keinerlei Bezug zu den eigenen Kompetenzen und der eigenen Leistungsfähigkeit mehr hat. Dann ist der Chef, der Vorgesetzte, der selbsternannte »Top Dog«, »Hot Shot« oder »Big Boss«, auf der Hierarchiestufe der eigenen Inkompetenz angelangt. Bereits 1969 analysierten der Psychologe Laurence Peter und sein Kollege Raymond Hull, ein Schriftsteller, die Gründe für Inkompetenz auf Führungsebene. Die Schrift, die sie darüber verfassten, *Das Peter-Prinzip oder Die Hierarchie der Unfähigen*, ist weltberühmt geworden. Sie wurde in fast vierzig Sprachen übersetzt und ist nach über vierzig Jahren immer noch die Mutter aller Sachbuchbestseller, ein Standardwerk des Versagens. Titelsucht, krankhafter Geltungsdrang, übertriebener Ehrgeiz, Rücksichtslosigkeit und Machtstreben sind die Symptome einer gescheiterten Karriere kurz vor dem Ende. Sobald sich das Bild um die fast automatisch damit einhergehenden Eigenschaften Arroganz und Überheblichkeit vervollständigt, ist der Abstieg vorprogrammiert. Eine Karriere, mag sie auch steil gewesen sein, erweist sich dann als Bumerang, dann sind die Defizite mit einem Mal so offensichtlich, dass sie nicht einmal mehr mit der ganzen Kunst einer über viele Jahre trainierten Selbstdarstellung kompensiert werden können.

Brücken, die ins Nirgendwo gebaut werden, Fußballstadien, die nicht benutzt werden können, Milliarden-Akquisitionen aus persönlichen Motiven, all das, was wir ganz regelmäßig in den Nachrichten verwundert zur Kenntnis nehmen, ist ein Resultat dieses Peter-Prinzips. Warum aber fallen Frauen offenbar viel seltener diesem Prinzip zum Opfer? Warum sind Frauen in der Politik offenbar weit weniger anfällig dafür, sich von Freunden in Häuser in der Toskana oder auf Sylt einladen zu lassen, ebensolche mit geliehenem Geld Dritter zu erwerben oder sich mit halbseidenen Freunden auf dem Münchener Filmball sehen zu lassen? Es sind offenbar zwei Seiten derselben Medaille. Einer Münze, die Amerikaner mit dem Spruch weiterreichen: »You've got to learn to bullshit.« Was mancher Mann zu viel hat, fehlt vielen Frauen, um sich in einem Umfeld einsortieren zu können, in dem man gnadenlos untergeht, wenn man nicht deutlich seine Position vertritt und, mehr noch, sich selbst verkauft. Das damit einhergehende Unwohlsein, das subjektive Gefühl von Lug und Trug, muss man überwinden, will man in einer Gesellschaft reüssieren, die schon lange den Schein vor das Sein gestellt hat.

Und so sagen viele Frauen, zum Nachteil unserer Ökonomie, zum Nachteil der Firmen, in denen sie arbeiten, und der zukünftigen Entwicklung in Europa beim Ruf in Führungspositionen: »Lieber nicht.«

Die Mimöse –
Ein Pflänzchen voller Mutlosigkeit

Die »Lieber nicht«-Ladys

In konservativen Artikeln und Debattenbeiträgen wird heute gern darauf hingewiesen, dass Frauen sich gar nicht so selten vollständig der Doppelbelastung von Beruf und Karriere verweigern würden und das auch gut so sei, denn so viele Halbtagsstellen könnten nicht geschaffen werden, wie wir sie eigentlich brauchten, um Familie und Beruf tatsächlich auf erträgliche Weise für alle Frauen verbinden zu können. Zumeist Männer stellen die Frage, ob es nicht ein Irrweg des Feminismus gewesen sei, Frauen ein Lebenskonzept aufzubürden, das sie am Ende vielleicht gar nicht wollten. Hinter dieser scheinheiligen Fürsorge steckt selbst dann eine Rolle rückwärts, wenn wir realistisch feststellen müssen, dass sich immer mehr Frauen tatsächlich dem beruflichen Wettbewerb um Führungspositionen und Verantwortung nicht stellen wollen.

Nach fast zwanzig Jahren als Unternehmer und Arbeitgeber, dessen Belegschaft zu mehr als 80 Prozent weiblich ist, und als Mentor in einem Programm für weibliche Führungskräfte habe ich sehr deutlich wahrgenommen, dass die Karriereziele von bestens geeigneten und talentierten Frauen irgendwann die letzte Ausfahrt vor dem großen Schritt zu großer beruflicher Verantwortung genommen haben. Und ich habe hoffnungsvolle, geförderte und unterstützte Kandidatinnen erlebt, die im Arbeitszimmer auf meiner Besprechungscouch saßen und in der sechsten Schwangerschaftswoche versicherten: »Das kam irgendwie ungeplant«, und einige Wochen nach der Geburt wieder voll für die Karriere da sein zu wollen. Passiert ist das ein einziges Mal. In allen anderen Fällen haben sich, meiner zugegeben subjektiven Beobachtung nach, die Karrierewünsche mit der Geburt eines Kindes fundamental geändert. So grundlegend sogar, dass ich mir dies nur biologisch erklären kann. Dass die Familie mit einem Kind ein großes Gewicht bekommt, ist nachvollziehbar und verständlich. Doch warum wollen, wenn mit großem Aufwand ein Lebensweg eingeschlagen wurde, mehr als akribisch gearbeitet, Fleiß und Ausdauer an den Tag gelegt worden ist, so viele Frauen mit dem ersten Kind nur noch halbtags arbeiten? Noch lieber einen Heimarbeitsplatz eingerichtet bekommen? Warum lehnen sie Schulungen und Weiterbildung aus Zeitgründen ab und können natürlich nicht irgendwo bei einem Kunden, auf einer Messe, bei einem Seminar über Nacht bleiben, denn wie soll das gehen? Wer da in Politik und Medien von mehr Flexibilität von Arbeitgebern redet, der verkennt die ökonomischen Realitäten, verkennt die Notwendigkeiten von Firmen, nicht nur Versorger seiner Angestellten zu sein, sondern auch eine Produktivität zu erwirtschaften, die das bezahlt. Von den organisatorischen Problemen und Kosten, die das vor allem für mittelständische Unternehmen mit sich bringt, ganz zu schweigen.

Bei aller Förderung und Unterstützung für talentierte Mitarbeiterinnen, irgendwann kommt es stets zum Schwur, und das »keine Karriere machen können« entpuppt sich als ein »keine Karriere machen wollen«. Kinder sind dabei jedoch nur *ein* Faktor. Der Beruf soll Freude machen, Selbsterfüllung sein, doch bitte ohne die Härten des Karrierepokers. Die Frage danach, warum das so ist, beantwortet sich meiner Beobachtung nach fast immer aus den wachsenden Problemen heraus, die Frauen auf dem Weg nach oben mit männlichen Konkurrenten haben. Frauen scheuen offenbar den Wettbewerb um die besten Plätze in einem Unternehmen so sehr, dass sie sich dem Konkurrenzdruck lieber gleich entziehen. Kaum eine Frau, die sich dieser Aufgabe stellt, die mit den Hirschen um die besten Plätze röhren wollte. Doch geht es für Männer wie für Frauen nicht ohne Hindernisse, Rückschläge, Machtspiele, Intrigen und eine ordentliche Portion Selbstdarstellung. Und so ist es keinesfalls despektierlich gemeint, wenn man sagt, dass Frauen rasch den »Plan B(aby)« zur Hand haben, nämlich Kinder und Familie. Mir schien es stets eine Schutzbehauptung zu sein, denn jeder kennt Eltern im eigenen Umfeld, die Familie und Beruf meisterlich unter einen Hut bringen, wie meine Freundin Jessica, Partnerin in einer bekannten Berliner Anwaltssozietät, die trotz 10-Stunden-Arbeitstagen mit ihrem Partner insgesamt sechs Kinder in einer Patchwork-Familie großzieht.

Nach gefühlten zwei Jahren tauchen die flüchtenden Familienmütter wieder im Betrieb auf. Doch jeder Versuch, die Anfang Dreißigjährigen dazu zu bewegen, einen größeren Karriereschritt zu machen, zum Beispiel den Platz eines Vorgesetzten einzunehmen, schlägt in der Regel fehl. Der Grund dafür sind eben nicht die Kinder und der Mann, sondern die fehlende Bereitschaft dazu, sich mit einem Vorgesetzten eine unangenehme Auseinandersetzung um dessen – eher schwach – besetzten Chefsessel zu liefern. Zurück bleiben enttäuschte Mitarbeiterinnen, die auf der Teilzeitstelle, die ihnen das Unternehmen anbietet, hoffnungslos unterfordert sind. Aber aus eigener Kraft ändern wollen sie daran auch nichts.

Und so muss, schon der Vollständigkeit der Aspekte um Frauen im Beruf wegen, gesagt sein, dass es viele Frauen gibt, die auf den großen Karrieresprung verzichten und auf einer Position verharren, die ohne Ambition, aber eben auch ohne Angriffe und Animositäten ausgefüllt werden kann. Viele Unternehmen bemühen sich darum, Frauen gezielt zu fördern, eigene Programme aufzulegen, mit Mentoren zu arbeiten. Es kann, im Sinne der Gleichberechtigung wie auch der Unternehmensentwicklung, keinen geschlechtsspezifischen Unterschied darin geben, ob Männer oder Frauen in eine Position befördert werden. Gerade deshalb geht es nicht nur um fachliche Qualifikation, sondern auch um persönliche Eignung. Der Wettbewerb, die Auseinandersetzung, der tägliche Kampf um die besten Plätze im Unternehmen sowie bei Kunden und in Projekten erfordert Durchhaltevermögen und mitunter Leidensfähigkeit. Dem entziehen sich Frauen schneller als Männer, sie legen schon mal den Rückwärtsgang ein und verstecken sich hinter dem längst nicht mehr gültigen Pauschalurteil, männliche Seilschaften hinderten sie an der Weiterentwicklung.

Vieles hat sich verbessert, doch bleibt auch einzuräumen, dass selbst Frauen, die ambitioniert und konsequent ihre Erfolgskarriere verfolgen, nach wie vor an gesellschaftliche Grenzen der Akzeptanz wie an politische Grenzen der praktischen Machbarkeit stoßen. Grenzen, die sie nicht selbst zu verantworten haben. Das Spiel der Karriere, es ist ein Spaßbad des eigenen Fortkommens. Während Männer in jungen Jahren mutig ins Wasser springen und mal mehr, mal weniger angestrengt durch die Jahre ihrer Karriere schwimmen, stehen Frauen auf der anderen Seite des Beckens und kämpfen immer noch mit einer Gegenstromanlage, die, unter der Wasseroberfläche und kaum wahrzunehmen, die doppelte Leistung erfordert.

So oder so, wir sind dringend auf gut ausgebildete weibliche Fach- und Führungskräfte in allen Bereichen angewiesen. Es ist die Aufgabe der Politik, Rahmenbedingungen zu schaffen, die den Aufstieg von Frauen attraktiver machen. Denn es ist eine Tatsache, dass Frauen immer noch mehr Kraft, Ausdauer und Leistung aufwenden müssen, um das gleiche Ziel zu erreichen wie Männer. Frauen sind heute genauso gut, wenn nicht besser ausgebildet als ihre männlichen Kollegen. Doch ist die Doppelbelastung aus Beruf und Familie eine nicht zu leugnende Realität. Eine Vielzahl von Studien belegt, dass die Haus- und Familienarbeit, die Verantwortung für Kinder, Erziehung und die Organisation des Familienalltags in der Regel von Frauen bestritten wird, von alleinerziehenden Müttern gar nicht zu reden. Und so sehen sich Frauen zu Beginn ihrer Karriere einer Perspektive ausgesetzt, die sie schon bei ihren Eltern als Herausforderung, deutlicher gesagt Überforderung, erkannt haben. Doch wem wäre das zu verdenken? Dahinter steckt weniger persönliches Versagen als vielmehr gesellschaftsspezifische Rollenmuster, die wir nur vorgeblich aufgegeben haben, die in Befragungen politisch korrekt durch Männer und Frauen im Sinne der Gleichberechtigung beantwortet werden. Teilzeit, Jobsharing und mehr Kinderkrippen reichen bei weitem nicht aus. Es wäre eine erhebliche Beteiligung der Männer an diesem Konzept notwendig, die allerdings weit weniger teamorientiert denken. Das gilt auch für die eigene Beziehung und Partnerschaft. Selbst wenn ein Mann anderes vorgibt, seine Frau wird sich in den allermeisten Fällen in der Rolle der von der Werbung bereits treffend aufgenommenen »Familienmanagerin« wiederfinden. Denn Männer wollen sich dem Wettbewerb, dem Spiel, der Einzelleistung stellen. Und die immer wieder gepriesene Veränderung zum neuen Mann, der zum Beispiel einen Teilzeitjob macht, um sich um die Kinder kümmern zu können, der kochende und fürsorgliche Vater ist immer noch mehr ideologisches Wunschdenken, wenn man die harten Zahlen betrachtet. Demnach nutzen beispielsweise bei dem Flughafenbetreiber Fraport AG, dem größten Arbeitgeber im Bundesland Hessen mit rund zwanzigtausend Angestellten, rund fünfzig berufstätige Männer diese gutgemeinte Idee des partnerschaftlichen Miteinanders und gehen in Elternzeit.

Die gegenwärtigen Alternativen stellen sich vor dem

Hintergrund der derzeitigen politisch-gesellschaftlichen Rahmenbedingungen ernüchternd dar. Während sich das mittlere Management wahlweise im Balanceakt zwischen Küche und Karriere aufreibt oder sich mit Plan B ganz entzieht, hat das weibliche Topmanagement die Sache bereits pragmatisch gelöst. Eine aktuelle Studie unter 125 Topmanagerinnen hat ergeben, dass drei Viertel der Befragten kinderlos sind und sich damit voll und ganz ihrem persönlichen Aufstieg widmen konnten. Die gleiche Untersuchung belegte auch, dass sich fast alle jungen Frauen bereits zu Beginn der Berufswahl beziehungsweise des Studiums sehr intensiv mit der Frage nach der Vereinbarkeit von Familie und Beruf auseinandersetzen. Für Jungen spielt das laut dieser Studie überhaupt keine Rolle. Es ist ihnen schlicht egal.

»Strampler« – Kerle, die nicht erwachsen werden wollen

Die Werbung, Hohlspiegel unserer gesellschaftlichen Selbstwahrnehmung, stellt Männer oftmals nur noch so dar, wie die meisten kaufentscheidenden Frauen sie offenbar sehen wollen: als Luschen. Zu doof zum Spülen, als grenzdebiler Beifahrer auf der Suche nach dem nächsten Bankomaten, als jener bräsige Vorstadt-Depp, den man sich unter einem Bausparer schon immer vorgestellt hat. Weinerlich, unselbständig, verweichlicht, hadert er mit der Welt, der sogenannte »moderne Mann«. Im Spiegel dieser Realität bringen Markenhersteller nun gar »Strampler« für Männer auf den Markt. Das überdimensionale Babyfrottee für »große Jungs« (so die Werbung) ist gesellschaftsfähig, seit sich der 48-jährige Brad Pitt damit im Frühjahr 2012 auf der Straße zeigte. Dabei wünschen sich offenbar gerade junge Frauen wieder: Macher, Macho, männlich. Selbst die als Trendikone unverdächtige Bundesfamilienministerin hat 2010 im Interview mit einem Wochenmagazin erklärt: »Warum Frauen keine Weicheier als Partner wollen«. Und die *Zeit*-Autorin Nina Pauer beklagte in einem Essay, dass die »Schmerzensmänner« selbstgebrannte CDs mit Schnulli-Musik verteilen und sich wehleidig nicht mehr trauen, die Initiative zu ergreifen, um an einer Bar mit einem Mädchen zu knutschen. Der Sänger Tim Bendzko scheint den passenden Song dazu geschrieben zu haben, in dem er als »mitfühlendes Weichei«, wie sein Künstlerkollege Bushido den neuen Mann nennt, davon singt, dass er eine Frau anbetet, aber sich nicht traut, sie anzusprechen. Und der Autor Christoph Scheuermann klagt: »Die Sehnsucht nach dem starken Mann kokettiert mit Rollenklischees, die sogar Männer für überwunden hielten.«

In mehr als der Hälfte der stichprobenartig analysierten Mitgliederprofile in Dating-Portalen fand sich denn auch ein mehr oder weniger deutlicher Hinweis auf den Wunsch von Frauen nach einer »klassischen Rollenverteilung« in Beziehungen. Gern verbrämt als »Ich will einen Mann, der noch ein Mann ist«, »einen, der mir die Tür aufhält«, »einen Mann, der weiß, was er will, gern auch im Bett«. Es geht um die nachrückende Schicht der jungen Erwachsenen, also jene Zwanzig- bis Fünfunddreißigjährigen, die aus guten Familien kommen, gebildet sind und in homogenen Stadtteilen leben. Es geht darum, dass die jungen Männer offenbar mit den gestiegenen Ansprüchen ihrer weiblichen Pendants nicht mehr zurechtkommen, besser gesagt sie nicht mehr einzuordnen, geschweige denn zu beantworten wissen. Zur Entlastung der geschundenen Männerseele muss gesagt werden, dass das Anforderungsprofil, das junge Frauen an ihre Partner stellen, durch diese fast nicht mehr zu erfüllen ist. Mr Right ist ein Mann ohne Makel und bis hin zur Wahl des richtigen Automobils erstaunlich klischeebehaftet, wie eine repräsentative Untersuchung zeigt. Dass für über 91 Prozent der Frauen der ideale Kerl ein bis drei Jahre älter ist, ist noch leicht nachvollziehbar, aber über die Hälfte aller Frauen kann sich keinen Mann vorstellen, der kleiner als 180 Zentimeter ist. Er soll treu, witzig, intelligent, einfühlsam sein, am liebsten Alexander, Thomas, David oder Markus heißen, über eine gute Allgemeinbildung verfügen und ungefragt wissen, wie viel Milch sie morgens in ihren Kaffee nimmt. Gern genommen wird ein BMW Cabrio (47 Prozent der Frauen), er sollte in die Oper und das Theater gehen (ein hoffnungsloser Wunsch von 63 Prozent), trainiert und athletisch sein (44 Prozent) und als liebstes Hobby Kochen angeben (79 Prozent). Mangelnde Rechtschreibung geht gar nicht, und nicht zuhören zu können ist ein No-go.

Junge Frauen sind heute durchsetzungsfähiger und erfolgreicher als noch ihre Mütter und Großmütter. Karriere machen sie selbst, den Wasserkasten schleppen sie allein in den dritten Stock, und im Restaurant zahlen die Mädels die Rechnung selbst. Das lässt junge, paarungsbereite Männer nicht nur ratlos und verunsichert zurück, sondern wirft unter ihnen auch die kollektive Sinnfrage danach auf, »wozu die uns überhaupt noch brauchen«.

So mancher Mann sieht sich angesichts dieses Anforderungskatalogs in der Not, darzustellen, was er nicht ist, vorzugeben, was er nicht besitzt, und damit in einen Strudel von Ausreden und Lügen zu geraten, die, potenziert mit möglicherweise wenig gefestigten charakterlichen Eigenschaften, der Beginn einer blendenden Vorstadtkarriere sind.

Dabei hatten es sich die Kerle gerade in Strickpullis, Schlurfigkeit und Selbstmitleid gemütlich gemacht, jetzt soll es mit dieser schönen Welt der Weigerung, erwachsen zu werden, auch schon wieder vorbei sein. Empörend! Dabei war es doch in den frühen Achtzigern einmal so einfach, als man die Idee der Emanzipation so herrlich missverstehen durfte, als die Latzhose Männer entmannte und Frauen entweiblichte. Als Männer die Idee der wachsenden Selbständigkeit von Frauen als Einladung an die schwindende Notwendigkeit, Verantwortung zu übernehmen und erwachsen zu werden, auslegen durften. Wie immer wurde dieser Trend besonders in Musik und Literatur reflektiert. So bereitete Herbert Grönemeyer mit seinem Song »Männer« 1984 dem Trend charmanter Verweichlichung eine Hymne, Ina Deter forderte »Neue Männer braucht das Land«, und Alice Schwarzer zog nach, indem sie postulierte, dass »die Aufhebung der Geschlechterrollen Ziel jeden emanzipatorischen Strebens sein« müsse. Es gab auch Gegenstimmen zu den »Softies«, ein Begriff, den der *Spiegel* erstmals in Umlauf brachte. Volker Elis Pilgrim ließ sich zu einem *Manifest für den freien Mann* hinreißen, und der amerikanische Lyriker Robert Bly veröffentlichte seine Theorie vom *Eisenhans*, die das männliche Verhalten als biologisch vorgegeben und daher nicht veränderbar beschreibt. Ein Gedanke, von dem viele heute noch meinen, er sei irgendwann in den sechziger Jahren von Amts wegen verboten worden. Von »Männern, die nie erwachsen werden« oder eben kindlich bleiben, erzählt der amerikanische Familientherapeut Dan Kiley in seinem Anfang der achtziger Jahre erschienenen wegweisenden Buch *Peter-Pan-Syndrom*.

Wie sich das im Alltag äußert, musste auch Lucy, eine Berliner Architektin, erfahren. Lucy ist sechsunddreißig, sie hat zwei Kinder, muss aber tatsächlich mit drei Kindern zusammenleben: Benjamin (drei), Charlotte (fünf) und Markus (einundvierzig). Markus ist ein Berufsjugendlicher mit einer Sammlung Sneakers, die jedem Sechzehnjährigen die Tränen in die Augen schießen lassen würde. Ein Mann, der T-Shirts übereinander anzieht, zerrissene Jeans trägt und ein Hobby pflegt, das Lucy zur Verzweiflung bringt: Er betätigt sich mit Anfang vierzig immer noch als DJ, und das vorzugsweise dort, wo sich das ganz junge Volk bis fünf Uhr morgens tummelt. Als Lucy und Markus sich kennenlernten, erschien der jungen Architekturstudentin mit der Bobfrisur und dem weißen Kaninchenhaarmantel ihrer Großmutter der unbeschwert lebende Markus als einzig adäquater Gegenentwurf zu dem aus ihrer damaligen Sicht spießigen Elternhaus. Markus hatte zu dieser Zeit ein WG-Zimmer mit drei Kumpel, lebte aber meist in einem buntbemalten VW Bulli, den er mehr schlecht als recht hergerichtet hatte. Das auf dem Dach montierte Surfboard war noch nicht einmal zum Wakeboarden am nahegelegenen Schwielowsee ausprobiert worden, doch diese Details gingen im Rausch des nonkonformen Lebenstraums unter. Markus hatte sein Soziologiestudium abgebrochen, keinen richtigen Job, dafür aber jede Menge pseudogesellschaftskritischer Erklärungen, mit denen er seinen Lebensstil zu rechtfertigen suchte. Nach fünf Jahren, einer Weltreise, sechs Monaten auf Goa bei Hare Krishna und einem von Lucy doch noch glänzend abgeschlossenen Architekturstudium kam die Zäsur dann durch Charlotte und den zwei Jahre darauf geborenen Benjamin. Nur langsam begriff Lucy, dass sie mit ihrem Einkommen als freie Architektin nicht nur die ökonomische Verantwortung, sondern als Mutter auch die familiären Pflichten stemmen musste, während Markus einfach jenes Leben weiterführte, das er schon immer für sich selbst als das richtige empfunden hatte. Einwände von Lucy wurden wahlweise mit Sprüchen wie »Du klingst schon wie deine Mutter« oder »Spießer wollten wir nie werden« abgetan. So blieb alles an Lucy hängen, die Bauherren mit ihren Baustellen, die Planungsarbeiten im Büro, Mitarbeiterführung, Akquisition neuer Aufträge und dann – immer nah am Flensburger Punkte-Rekord – Krippe, Vorschule, Kinderarzt, Turnen, Einkaufen, Geburtstagspartys, Theatergruppen, Ausflüge in den Wald, Bastelnachmittage und Plätzchen backen in der Vorweihnachtszeit, alles bis zum Komaschlaf um 23 Uhr. Markus bekam von alledem nicht sonderlich viel mit. Dass er keine Windeln wechseln konnte, war nicht weiter aufgefallen, mittlerweile waren die Kinder da ja raus. Auch dass er eine Zucchini nicht von einer Avocado unterscheiden konnte, war für Lucy eher ein Lacher als ein Ärgernis. Doch die Sprachlosigkeit zwischen beiden wurde zunehmend zum Problem. Wie an einer Gabelung im Wald entfernten sich ihre Wege immer schneller, bei äußerlich gleicher Lebensgeschwindigkeit. Zunächst versuchte es Lucy mit Humor, später mit Sarkasmus, dann mit Flehen,

Tränen, Schreien, Toben, doch nichts half. Zwischen dem Sortieren von Vinylplatten und Playstation-Nachmittagen prallten Lucys Hilferufe nach wirtschaftlicher oder wenigstens familiärer Unterstützung ab wie Gummibälle in der Sporthalle. Mit Sprüchen wie »Ey, du bist voll unlocker« hielt Markus sie in Schach, denn eines wollte Lucy auf keinen Fall, das wohlgeordnete Leben ihrer Eltern führen. Doch einen Mann, der ihr erklären konnte, warum er als Arbeitsloser so wenig Zeit fand, sich um seine Kinder zu kümmern, den wollte Lucy immer weniger. Die Illusion, in Markus jemanden gefunden zu haben, der die Sehnsucht nach einem freieren Leben erfüllte, wandelte sich in das genaue Gegenteil. Lucy war für alles verantwortlich, trug Sorge für Einkommen, Erziehung und musste die Elternrolle zudem fast allein übernehmen.

Tatsächlich muss die Frage gestattet sein, ob Männer sich nicht geradezu entpflichtet fühlen, Verantwortung zu übernehmen, sich zu bekennen und die Träume von ewiger Jugend aufzugeben. Die Ehe, so müssen wir bei allem Verständnis für die berechtigte Forderung nach einem selbstbestimmten Lebenskonzept feststellen, ist offenbar nicht zuletzt eine ökonomische Basis, reale Notwendigkeit einer Gesellschaft, in der jeder meint, nur noch seine eigenen Ziele verfolgen zu können. Fast die Hälfte aller Alleinerziehenden in Deutschland lebt von sozialen Transferleistungen, das sind fast 700 000 Mütter mit über einer Million Kindern. So simuliert eine ganze Generation junger Frauen aus mehr oder weniger freiem Willen ein männerloses Erziehungskonzept, zu dem ihre Großmütter verdammt waren, weil sie ihre Männer im Krieg verloren hatten. Auswertungen des Statistischen Bundesamtes belegen, dass fast die Hälfte aller alleinerziehenden Mütter mit großer Sorge in die Zukunft blickt (nur 26,4 Prozent bei Paaren), dazu kommen finanzielle Sorgen und das Gefühl, den multiplen Anforderungen aus Beruf und Erziehung nicht mehr gewachsen zu sein. Alleinerziehende Mütter werden ganz unromantisch bei den Krankenversicherern als Risikogruppe geführt, weil sie weit häufiger unter Nieren- und Lebererkrankungen, chronischer Bronchitis und Migräne leiden. Besonders auffällig sind die gegenüber verheirateten Müttern mit fast 25 Prozent doppelt so hohen Erkrankungen an psychischen Leiden. Cornelia Helfferich und Anneliese Hendel-Kramer vom Robert-Koch-Institut haben in einer Studie (Heft 14) für das Bundesministerium für Gesundheit beeindruckend undogmatisch und befreit von ideologischem Grundrauschen dargelegt, wie beeinträchtigend die subjektive Lebenssituation alleinerziehender Mütter in Deutschland ist. Sie sind deutlich nervöser und depressiver als verheiratete Frauen, oft entmutigt und traurig, weniger ruhig und gelassen, deutlich weniger energievoll und mit Abstand unglücklicher. Aussagekräftiger kann man die gesundheitlichen wie ökonomischen Vorteile von Ehe und Partnerschaft wohl kaum auf den Punkt bringen.

Der Umgang mit Männern der Sorte »Berufsjugendlicher« gleicht der Kindererziehung, weshalb Lucy irgendwann auffiel, dass es mit Markus am besten lief, wenn sie ihn behandelte wie ein drittes Kind. Nur schade, dass sie für ihn kein Kindergeld bekam, verdient hätte sie es. So konnte es jedenfalls nicht weitergehen. Niemand hatte je etwas von Markus gefordert, niemand ihn jemals im wahrsten Sinn des Wortes zur Verantwortung gezogen. Bis er dreißig war, hatte seine Mutter für ihn gekocht, gewaschen und ihren Jungen auch mit Geld versorgt. Das war auch selbst dann noch so, als Markus' Vater das strikt verboten hatte, weil er der Meinung war, der Junge müsse langsam mal lernen, für sich allein zu sorgen. Als diese mütterliche Versorgungspraxis schließlich endete, fand sich rasch Corinna, eine junge Mutter mit einem Kind, die Markus in der Hoffnung, einen Lebenspartner in ihm gefunden zu haben, dankbar aufnahm. Markus hingegen sah in Corinna mehr einen Kühlschrank mit integriertem Geldautomaten, und so währte dic Beziehung nicht sonderlich lange. Und Lucy, die wirklich lange mit ihm durchgehalten hatte, gab nun nach zehn Jahren auf. Innerlich hatte sie schon vor drei Jahren begonnen, sich zu trennen. Schluss war dann aber erst, nachdem sie kurz entschlossen für zwei Wochen in eine Art Generalstreik getreten war. Sie hatte Markus die beiden Kinder in die Hand gedrückt, das Handy abgeschaltet und war für einen Wellnessurlaub allein nach Phuket gereist. Markus gab die Kinder zwar zuerst bei seiner Mutter ab, um mit seinen Kumpel für ein paar Tage zum Grillen an einen See zu fahren, kam aber für die verbleibenden Tage von Lucys Urlaub durchaus gut mit der Vaterrolle zurecht. Seine Eltern, Freunde, selbst die heimkehrende Lucy waren erstaunt. Man musste dem Mann nur etwas abfordern, dann ging es wohl auch. Doch Lucy fühlte sich für die Versäumnisse in der Erziehung ihres Partners nicht mehr zuständig.

So kam es, dass Markus mit seinen einundvierzig Jahren, einer Playstation, einem überdimensionalen Sitzsack, einem alten Flokatiteppich, seinem geliebten »Technics«-Plattenspieler und 2800 Schallplatten auf der Straße stand. Er stellte schon bald fest, dass junge Frauen heute sehr spezifische Vorstellungen davon haben, wie ein echter Mann zu sein hat: durchsetzungsfähig, selbständig, erfolgreich. Die Forderungen von Lucy, sich einen Job zu suchen, hatte er jedoch ebenso geflissentlich überhört wie die Hinweise darauf, die alten Deep-Purple-T-Shirts auszumustern und sich endlich auch mal einen Anzug zuzulegen. Markus fand es befremdlich, dass seine Freundin auf einmal Anzugtypen attraktiv fand und Werte zu schätzen wusste, die sie vor Jahr und Tag noch als spießig ablehnte. Lucy hat nach der Rückkehr aus Thailand das einzig Richtige für sich getan. Sie hat Peter Pan und das Nimmerland der ewigen Jugend, der Freiheit und des Spaßes verlassen und Markus den Laufpass gegeben, um mit einem anderen glücklich zu werden. Erst durch die Trennung und die fehlende Leichtigkeit bei der Akquisition neuer weiblicher Opfer wurde Markus gezwungen, sich mit seinem Leben auseinanderzusetzen. Er war zum ersten Mal in der Situation, über sich selbst nachdenken zu müssen. Unbekümmert hatte er die geltenden Regeln bisher negiert, Forderungen nach dem Erwachsensein als für andere gemacht verlacht, sich vor der Erledigung von Aufgaben wortreich gedrückt und die Schuld für seine mangelnde Selbstdisziplin stets bei anderen gesucht. Er war ein Tagträumer, einer, der dachte, die Dinge würden ihm auf ewig einfach zufallen. So war er gar nicht unglücklich darüber gewesen, dass er Vater wurde, aber schon auch froh, dass es zufällig geschehen war. Damit blieb ihm die Frage nach einer Haltung zu seiner Vaterschaft erspart. Dass Lucy die Entscheidung für eine Familie ebenso für ihn getroffen hatte wie die in der Frage nach der richtigen Wohnung, dem richtigen Fahrzeug und den richtigen Möbeln, ist ihm bis heute nicht klar.

Wer bei einer Suchmaschine im Internet »Berufsjugendlicher« eingibt, erhält über 60000 Ergebnisse, die meisten verweisen auf Einträge von Frauen, die sich darüber beklagen, dass sich ihre Kerle nicht dazu durchringen können, die Beziehung (oder war es doch nur eine als Beziehung getarnte Affäre?) zu ihnen in ein Familienleben mit Kindern münden zu lassen. Irgendwie fühlen sich viele Kerle noch nicht so weit, und das mit achtunddreißig. Fast drängt sich der Eindruck auf, die niedrige Geburtenrate habe damit zu tun, dass Männer nicht willens sind, ihren Mann zu stehen und sich zu einer Familie zu bekennen. Jedenfalls weigern sich nach einer repräsentativen Studie des Hamburger BAT-Instituts fast die Hälfte aller Männer zwischen achtzehn und neununddreißig, eine Familie zu gründen, bei Frauen sind es nur 23 Prozent. Damit ist die Zahl gegenüber der letzten Untersuchung aus 2003 noch einmal um fast 10 Prozent gestiegen. Die über zweitausend Befragten gaben an, Sport, Hobbys und Urlaubsreisen seien ihnen wichtiger als ein Leben mit Kindern. Je besser ausgebildet, desto geringer ist die Bereitschaft zur Bindung. Die Zahl der sich verweigernden Akademiker liegt bei mittlerweile fast 60 Prozent.

Markus war Vater geworden, nur weil ihm wieder einmal jemand die Entscheidungen seines Lebens abgenommen hatte. Charlotte und Benjamin, die beiden Kinder, waren ihm dabei nicht gleichgültig, aber ohne sie wäre sein Leben auch nicht wesentlich anders verlaufen. Seine wahren Bezugspunkte waren die Kumpel, mit denen er sich zum Fußball traf und Musik hörte. Irgendwie hatte Markus nicht bemerkt oder bemerken wollen, dass sie zwischenzeitlich alle eine Familie, einige auch einen eigenen Betrieb, also die Lebenskonzepte von Erwachsenen aufgebaut hatten. Die Kumpelcliquen, mit denen er sich traf, wurden folglich jünger, aber Freundschaften konnte er so nicht aufbauen.

Dass er einsam war, darüber täuschten seine Beziehung zu Lucy und die beiden Kinder hinweg. Allein war er nicht, und so verdrängte Markus ein Problem, das aus der Ablehnung durch seinen Vater resultierte. Das kindliche Muster, von seinem Vater nicht angenommen, nicht beantwortet worden zu sein, ließ ihn immer neuen Ersatz in immer anderen Konstellationen von männlichen Freundesgruppen suchen. Sei es beim Fußball, bei Kumpel-Abenden oder im Motorradclub, es waren stets Männergruppen, deren Akzeptanz er suchte.

Ihr Wunsch nach Liebe, Zuwendung und Anerkennung leitet die ewigen Jungen schnell in Partnerschaften, kurzfristige Beziehungen und Affären. Hinter der Fassade des coolen Machos, der Prahlerei und der offensiv zur Schau getragenen Gleichgültigkeit gegenüber jeder Form von Zukunftsplänen verbergen sich große Unsicherheit und Selbstzweifel. Zu einer von Offenheit und positiver Zugewandtheit geprägten Beziehung sind große Jungs nur dann in der Lage, wenn die Partnerin eine Mutterrolle übernimmt. Das hat auch Lucy bei Markus getan. Überfürsorglich, nachgiebig, auf Harmonie bedacht, wurde sie für Markus zum Mutterersatz. Wie so oft zogen sich auch bei Markus und Lucy die Gegensätze an. Auf der einen Seite stand der von Angst vor der eigenen Vergänglichkeit hysterisch das Leben in Veränderungen suchende Markus. Auf der anderen Seite die melancholische, zurückhaltende und große Lebensveränderungen scheuende Lucy. Ihre Gegensätzlichkeit zog sie an, doch nach zehn Jahren hatte sich das verbraucht. Lucy fand ihr Glück nach der Beziehung mit Markus in einem Mann um die vierzig, der ebenfalls zwei Kinder hat und sich nicht scheute, nun mit ihr ein ganz bürgerliches Leben zu führen. Für den erfolgreichen Unternehmer gab sie ohne jedes Zögern ihre Selbständigkeit als freie Architektin auf und kümmerte sich voller Hingabe um die beiden eigenen und an den dafür ausgewählten Tagen auch um die beiden Kinder ihres Partners. Bemerkenswert an ihrer neuen Lebenssituation waren dabei zwei Dinge. Erstens, dass sie ihre eigene Selbständigkeit so rasch an den Nagel hängte, geradeso als wäre ihr eine große Last abgenommen worden. Und zweitens, dass der Mann, mit dem sie nun zusammenlebte, auch wieder irgendwie ein großes Kind war. Ein großer Junge, diesmal jedoch nicht in Turnschuhen und Ed-Hardy-T-Shirts, sondern im dunklen Anzug, mit einem weißen Hemd und guten Schuhen. Im Grunde ein Spieler, der mit allerhand Geschicklichkeit zu kaschieren wusste, dass er noch lange nicht bereit war, den Hebel zum Erwachsensein umzulegen, wie er selbst bekannte. Für ihn wäre der Schritt in die Welt der Verantwortung fast mit einem Gefängnisaufenthalt gleichzusetzen gewesen, mit dem Aufgeben sämtlicher Freiheiten jedenfalls, die er neben seiner neuen Beziehung mit Lucy nun im Verborgenen weiterlebte. Er sah sich in Internetforen nach Sexabenteuern um, wäre gern einmal bei Markus auf eine »Tüte« vorbeigekommen oder mit den Kumpel einmal wieder gepflegt abgestürzt. Deswegen war ihm auch die Beziehung zu Lucy recht, die weniger verpflichtend wurde, als es nach außen den Anschein hatte. Denn in seinem Hinterkopf pflegte er die Phantasie, recht rasch und unvermittelt aus dieser »Situation« auszusteigen zu können, ohne dass ihm eine besondere Schuld zugerechnet werden würde. Denn schließlich hatte sie ja schon Kinder und er natürlich auch.

Die Weigerung, sich ernsthaft an jemanden zu binden, kann viele Gesichter haben, und die Hintertürchen, durch die wir vor festen Beziehungen fliehen, sind so mannigfaltig wie das Thema Liebe und Beziehung selbst. In einer Diät der eigenen Lust gestatten es sich Männer wie er nicht mehr, Frauen in Bars anzusprechen, die Abende mit den Kumpel sind langweiliger geworden, weil das Unterhaltungselement »Aufriss« fehlt, und irgendwie fühlt man sich auch langsam zu alt dafür. Im Kessel der Erwartungshaltung Dritter wächst der Druck der Unfreiheit, der irgendwann im abrupten Ende der festen Beziehung oder wenigstens in einem anständigen Parallelleben endet. Denn die Lust, viele verschiedene Frauen zu beschlafen, ist ja nicht verschwunden, sie wurde nur der Erkenntnis halber unterdrückt, an diesem Spiel nicht mehr teilnehmen zu können, »da man ja irgendwann einmal erwachsen werden muss«.

Der Held all dieser todtraurigen Zwangserwachsenen ist Homer Simpson, der ewige Jugendliche, der Bier trinken darf, Sprüche macht, fernsieht, alles vermasselt und trotzdem von »March« und den Kindern geliebt wird.

Viele Männer glauben, bedingungslose Liebe sei immer verfügbar, denn schließlich war sie stets da. Zuerst in unbedingter Form durch die Mutter – ganz im Gegensatz zur gegengeschlechtlichen Rollenprägung in der Vater-Tochter-Beziehung –, dann von den ersten Freundinnen und Frauen. Die Sache endet mit der ersten Scheidung, dem ersten ernsthaften Verlust einer weiblichen Bezugsperson, von der man gar nicht wusste, dass sie eine ist. Diese Männer realisieren erst im Nachhinein, nämlich nach der Trennung, dass sie die Frau, mit der sie zehn Jahre zusammenlebten, tatsächlich auch geliebt haben. Doch in den meisten Fällen ist es dann zu spät. Erst wenn die Sache gelaufen ist, sickert der Gedanke durch, dass es sich um eine tiefere Verbindung handelte, die im Wesentlichen aufrechterhalten wurde, weil die Frau stets gegeben und der Mann in der Regel genommen hat.

So gesellt sich zur Einsamkeit eine tiefe Verlassenheit, resultierend aus der Erkenntnis, dass niemand mehr da ist, der altruistisch gibt. Niemand, der Liebe spendet. Zeitgleich, so mit Mitte vierzig, stellen diese Männer fest, dass es auf einmal gar nicht mehr so einfach ist, von einer Blüte zur nächsten zu schwirren, sich ein wenig mit Bestäubung aufzuhalten und dann weiter durch den schönen Sommer des eigenen Seins zu summen. Zufall oder nicht, dann stirbt auch noch der Hund – und möglicherweise waren es wie im Film *The Big Lebowski* ein paar *White Russians* zu viel. Jedenfalls ist auf einmal auch der Job weg und die Einsamkeit in einer kleinen Einzimmerwohnung am Stadtrand allgegenwärtig. So fallen die ehemaligen Boys der Leichtigkeit in eine tiefe Sinnkrise, weinen alten Liebschaften hinterher, rufen Frauen an, die sie fünfzehn Jahre nicht mehr gesprochen haben, bis sie endlich das Stadium erreichen, in dem sie sich mit sich selbst konfrontieren und fragen, was »Verbindung« eigentlich in ihrem Leben für einen Stellenwert hat. Für Männer ist es oft ein langer Weg zur Erkenntnis, dass man Liebe geben muss, um sie zu erhalten.

Der Bezug zum Privaten erleichtert den Blick auf den beruflichen Kontext, erklärt Verhaltensmuster, Entscheidungen, Auftritte von Männern im Beruf. Doch was auf den ersten Blick negativ klingt, kann teilweise von Männern zu höchster Leistung sublimiert werden. Denn im Spiel, in der Leichtigkeit, sich Zusammenhängen und neuen Lösungen zu nähern, in der Abenteuerlust und dem Ausprobieren liegt eine gewaltige schöpferische Kraft. An der Theorie, dass Spiel und Arbeit nicht weit auseinanderliegen, kann man ablesen, wie ernst Männer Spiele nehmen – es kann eine familiäre Katastrophe auslösen, wenn samstags der eigene Fußballverein verliert. Andererseits verstehen Männer den Beruf und ihre Karriere oftmals als Spiel, als spannenden Wettbewerb unter Gleichgesinnten. Anders gesagt, Männer haben Lust am Erobern, Erforschen, Ersinnen, Erweitern. Und sie tun das spielerisch. Nur die Schwachen halten sich an Plänen, statistischen Daten, Auswertungen der Vergangenheit und Regeln und Vorschriften fest, um die Inhalte ihres Tuns zu vertreten. Die Starken spielen mit den vorgegebenen Themen auch abseits der eingefahrenen Pfade so lange herum, bis sie mit »Trial and Error« zum Erfolg gelangen. Das Eingeständnis, dass der erfolgreiche Versuch manches Mal reines Glück ist, gehört genauso zur Wirklichkeit einer Karriere wie die Erkenntnis, dass es in der Niederlage, im »Error«, weniger die finanziellen Konsequenzen als die soziale Abwertung und Ächtung derer zu ertragen gilt, die dem kreativen Spiel, dem »kreativen Zerstören«, wie Joseph Schumpeter es nannte, als daumensenkende Zaungäste neidvoll zusehen. Und so ist das Spielerische, das Ausprobieren, das naive Herangehen an Unüberschaubares, Riskantes, Neues eben auch eine männliche Kraft, die zu verstehen und möglicherweise sogar zu imitieren ein mutiger Schritt für den Karriereweg von Frauen sein kann. Wie sagt mein Hausapotheker: »Erst die Dosis macht das Gift.« Das gilt nicht zuletzt auch für Beziehungen.

Leistungstöchter

Vater war mein erster Chef

Mariechen ist eine Leistungstochter. Die Oberärztin aus Köln, die mit dreiunddreißig schon habilitierte, ist in Wirklichkeit auf der Suche nach dem eigenen Vater. In *Scheißkerle* standen vor allem jene Gefalltöchter im Vordergrund, die sich vom Vater nicht beantwortet gesehen haben. Deren verlassene Kinderseelen ein Leben lang auf der Suche nach einem verfügbaren Liebesobjekt sind. Bei der Leistungstochter ist es genau umgekehrt. Sie bildet mit dem Vater eine zumeist innige Einheit, oft gegen die Mutter, wenigstens jedoch gegen ihr Lebenskonzept, deren Beziehungsmodell die Tochter für sich ablehnt und stattdessen die Identifikation mit dem Vater sucht. Und im Gegensatz zu den Gefalltöchtern wird die Liebe des Vaters, diese komplizenhafte Verbindung, zur alles bestimmenden Komponente. Sie prägt das Schicksal als Erwachsene, Geliebte und Ehefrau.

Die Entwicklung der Leistungstochter ist also durch zwei Komponenten getrieben. Die positive Resonanz und emotionale Beantwortung durch den Vater, der die Tochter wohlmeinend fördert, unterstützt, zum Klavierunterricht fährt, tröstet, berät und, so gut es geht, mit Wissen versorgt. Sie spürt seinen Stolz, seine Zuneigung, seine Liebe insbesondere dann, wenn sie dem Vater das gibt, was er in sich selbst nicht findet, weshalb er seine Tochter unbemerkt zum Objekt seiner eigenen Bedürfnisse macht. Die Tochter versteht zugleich den Mechanismus, die Liebe des Vaters zu erlangen, ihn von der Mutter zu lösen, ihn zu monopolisieren, wenn sie überdurchschnittliche Leistungen erbringt und dem Vater auf einer rationalen, ihm vertrauten Leistungsebene begegnet.

Es ist sicher aufschlussreich, zu erkennen, dass man im eigenen Partner, dem Mann, mit dem man lebt, unbewusst immer wieder eine Vaterfigur sucht und gerade jene Männer wählt, die dem eigenen Vater ähnlich oder doch ebenbürtig sind – Männer, die vor dem inneren Auge der eigenen Bewertung dem Bild des Vaters, manchmal sogar dessen imaginärem Urteil in Form eines Über-Ichs standhalten würden. Für die verlassenen Gefalltöchter sind Traummänner jene Kerle, die eine ähnliche Struktur mangelnder Emotionalität, Erreichbarkeit, Beantwortung aufweisen und damit ein bekanntes Gefühl familiärer Zugehörigkeit verströmen, das selbst dann seine anziehende Wirkung nicht verfehlt, wenn der familiäre Kontext alles andere als harmonisch war.

Man kann Frauen natürlich nicht allein auf die Beziehung zum Vater reduzieren. Und doch ist unsere Entwicklung, insbesondere wo es Partnerschaft und Liebe betrifft, das Ergebnis der gegengeschlechtlichen Prägung von Vater und Mutter, die unsere ersten Liebesrollenmodelle darstellen. Sie sind die Figuren, an denen wir ausprobieren, wie man Liebe erhält, was man tun muss, um beantwortet und wahrgenommen zu werden. Doch im Gegensatz zur Gefalltochter, die schon als Dreijährige auf dem Schoß des Vaters wahlweise das liebe oder das hübsche Kind gegeben hat, auf das der Vater mit Wohlwollen blickte, ist die Verbindung der Leistungstochter zum Vater intensiver. Das hat auch mit der ablehnenden Haltung der Tochter gegenüber der eigenen Mutter zu tun. Oftmals haben mir Frauen in Gesprächen beschrieben, dass sie den idealen Vater haben. »Mein Vater war immer für mich da«, »Er hat mich gefördert, meine Ansichten akzeptiert«, »Wir haben so viel diskutiert« oder »Von ihm fühle ich mich ernst genommen«. Im Gegensatz dazu wird von diesen Frauen die Beziehung zur Mutter als problematisch, als kalt, frostig oder unnahbar beschrieben. Hinterfragt man das, bekommt man keine Antwort, die sich auf das Verhältnis der Tochter zu ihrer Mutter bezieht, sondern in vielen Fällen eine Beschreibung des vom Kind beobachteten Verhältnisses des Vaters zu seiner Frau. Genau diese Rolle wollen die Leistungstöchter in der beruflichen oder privaten Beziehung zu einem Mann nicht einnehmen: ohne männliche Beantwortung, ohne Vaters Zuneigung, Applaus, offensichtliche Wertschätzung. Schlimmer noch, in manchen Fällen wurde der ideale Vater im selben Atemzug mit der Abwertung der Mutter beschrieben, ohne dass die mir gegenübersitzende Frau darin einen Widerspruch erkennen konnte. Ich kann das nur als vollständige Ablehnung eines weiblichen Rollenmusters interpretieren, das für die Befragten weder positive Resonanz noch Wertschätzung enthält. Die Identifikation gilt also dem Männlichen, während das Weibliche bis in die Sexualität hinein abgelehnt und das eigene Geschlechterverhalten umgekehrt wird.

Vordergründig ist es der wohlwollende Blick voller Stolz und Anerkennung, der die weibliche Seele streichelt. Eine Resonanz, von der man unschwer annehmen darf, dass sich solche Mechanismen auch in Beruf und Karriere, mit Vorgesetzten und dem Vater ähnlichen Führungsfiguren wiederfinden. So wird die Tochter eines Metzgers, der gern selbst Arzt geworden wäre, dessen Studium seine Eltern jedoch nicht finanzieren konnten, sich bemühen, Ärztin zu werden. Sie spürt, dass den Vater diese Themen interessieren, das Erfüllen des nichtgelebten eigenen Lebenstraumes durch die Tochter seinen Stolz und seine Anerkennung weckt. So genügt es nicht, einfach Ärztin zu werden, es müssen Mehrfachqualifikationen erworben werden, selbstverständlich die Facharztausbildung, am Ende zusätzlich aber auch politische Würden, um den Hunger nach Beantwortung durch einen Mann stillen zu können, von dem sich die erwachsene Tochter längst hätte abgrenzen müssen. Das Drama dieses begabten Kindes liegt in der Tatsache, dass es durch die unbewusste Fokussierung auf den glorifizierten Vater nicht in der Lage ist, herauszufinden, welche Begabungen es selbst hat, welche Fähigkeiten in ihm schlummern. Dafür fehlt ihm schlicht die Zeit. Rund um die Uhr ist die Leistungstochter damit beschäftigt, ihre Identität durch Leistung und Anstrengung bestätigt zu sehen. »Ich bin tüchtig, fleißig und erfolgreich«, lautet ihr Lebensmotto, so die Psychologin Julia Onken, die den Begriff der Leistungstochter in ihrem Buch *Vatermänner* treffend eingeführt hat. Leistung wird fast als ein Allheilmittel angesehen. Die Maxime lautet: Wer viel leistet und sich stets bemüht, der wird auch vorwärtskommen. Doch wir alle wissen, in der Realität ist es eben nicht nur die reine Leistung, die Fachkompetenz und das Wissen, was zählt. Zur richtigen Zeit an der richtigen Stelle zu sein, Glück, Chuzpe, die richtigen Kontakte, das kann manches Mal entscheidend sein. Die Enttäuschung ist vorprogrammiert und wird mit härterem Einsatz, noch mehr Leistung, größerer Verbissenheit beantwortet. Doch zielt dieser Aktionismus nicht nur beruflich oft ins Leere. Auch persönlich führt er zu einer Entfremdung des Selbst, zu einer wachsenden Distanzierung von eigenen Wünschen und Vorstellungen von einer erfüllten Berufstätigkeit und einem als sinnvoll betrachteten Privatleben. Oftmals werden dann eine Familiengründung, die Beziehungen zu Freunden und einem Partner zurückgestellt. Gerade erfolgreiche Frauen sehnen sich danach, »zu einem Mann aufblicken« zu können, das habe ich hundertfach in Gesprächen mit erfolgreichen Frauen gehört. Aber wohin aufblicken? Selbst wenn man außer Acht lässt, dass das Ganze eine Pyramide ist, an deren Spitze die Luft reichlich dünn wird, also einfach immer weniger Männer durch das feine Sieb aus Erfolg, Eigenständigkeit, Humor, Bildung, Manieren und so weiter der anspruchsvollen Erfolgsfrau passen könnten, besteht immer noch das Problem, dass selbst die sogenannten erfolgreichen Männer gar keine erfolgreiche Frau als Partnerin haben wollen. Sagen tun sie natürlich etwas anderes.

Befragt man sie, sollen Frauen erfolgreich, eigenständig, intelligent und klug sein. Komisch, geheiratet wird dann von Chef zu Sekretärin, von Kapitän zu Stewardess, von Oberarzt zu Krankenschwester. Leistungsfrauen verachten ihre hübsche Gefallschwester, die sich im Sommer ein luftiges Top anzieht und die Männer mit ihrem Busen anzieht. »Unerhört, wo kommen wir denn da hin?« Mit Entsetzen beobachten sie, wie es für Frauen geradezu zur Lebensfrage wird, den »Mr Right« in die Falle zu locken, wie die eigenen Reize so eingesetzt werden können, um männliches Interesse zu wecken. Mit *Sex and the City* wurde die unbedingte Selbstdefinition über das Finden des richtigen Kerls, die man nur als Anti-Frauenbewegung verstehen kann, zum Lebensmotto einer jungen Generation intelligenter Frauen erhoben. Auch wenn die Gefallschwestern permanent an den falschen Mr Rights scheitern, wenn deren Auswahl eine Selektion von Premium-Blendern aus dem Beziehungssupermarkt ist, so werden sie doch fündig, wenn auch nur temporär. Die Leistungstöchter dagegen bleiben einsam. Zum einen, weil sie den Zugang zu den eigenen Gefühlen schon vor langer Zeit verloren haben und sich damit folglich schwertun, einem Mann überhaupt Gefühle entgegenzubringen. Auf der anderen Seite, weil sich Männer erfolgreichen Frauen schlichtweg verweigern. Mariechen, die Ärztin, ist seit Jahren ohne Beziehung, obwohl sie als große Blondine eigentlich all jene Attribute mitbringt, die für viele Männer besonders attraktiv sind. Sie hat so sehr vom Vater eingeimpft bekommen, dass sie etwas ganz Besonderes ist, dass sie es sich unter dem unsichtbaren Blick des väterlichen Über-Ichs verbietet, sich in einem One-Night-Stand oder einer Affäre einfach so einem Mann hinzugeben.

Auf der Strecke bleibt so oder so die eigene Gefühlswelt. Einfacher gesagt, tiefe Verlassenheit und Einsamkeit werden immer präsenter, sie lassen sich durch Ablenkung im fordernden Beruf lange Zeit gut verdrängen und führen doch irgendwann in die emotionale Falle. Das hat zwei Gründe. Zum einen, weil Leistungsbezug das alleinige Maß der Dinge ist. Manchmal wird sogar die Haltung des Vaters übernommen, wonach Gefühle etwas Negatives sind und den klaren Blick auf die Dinge verstellen. Zum anderen werden »Gefühle« im weitesten Sinne der Mutter zugeordnet und fallen damit der früh entwickelten Entwertungsmaschine einer ungewünschten Rolle zum Opfer. Nicht zuletzt sind die Leistungstöchter am schwersten für Hilfestellungen von außen, Ratschläge oder entsprechende Literatur zu erreichen. Mag der Schmerz über die eigene Isolation mit zunehmendem Alter auch wachsen. Die Aufarbeitung der Beziehung zwischen Vater und Tochter ist so unerwünscht wie in keinem anderen Rollenmuster. Hochintelligente Frauen schützen die glorifizierte Vaterfigur mit allen ihnen zur Verfügung stehenden Mitteln der Intelligenz und Rhetorik. Diese zentrale Figur des Lebens darf auf keinen Fall beschädigt werden. Einlassungen Außenstehender zu diesem Thema werden als Neid auf eine so intakte Vaterbeziehung, als Psychogelaber oder Gestörtheit des Gegenübers abgetan, gefolgt von einer Litanei darüber, wie gut, wie tief die Beziehung, wie fürsorglich der

Umgang, wie interessant der Austausch mit dem Vater war oder noch immer ist. Unschwer zu vermuten, dass Frauen auch ihre Männer, Lebenspartner und Liebhaber nach dem Muster des Vaters auswählen. Nach dem Mann, den sie eigentlich zu ehelichen suchen, seit sie drei Jahre alt waren.

Die Verbindung zum Vater zementiert die Schutzwälle eines eingemauerten Selbst. Man müsste sich ja ansonsten eingestehen, dass die Knochenarbeit, die unerbittliche Disziplin, physische Ertüchtigung und Ausbildung kein selbstgewähltes Leben ist, sondern aus der Identifikation mit dem Vater stammt.

Trotz allem, die Betrachtung der Vaterrolle ist weniger bedeutend als bei der Gefalltochter, die sich mit den falschen Männern identifiziert. Der Vater wirkt bei den Leistungstöchtern sicherlich als Resonanzboden eines Instruments, auf deren mütterlichen Saiten der Sound des eigenen Lebens gespielt wird. Es ist die innerlich zutiefst abgelehnte Rolle der Mutter, an der sich die Leistungstochter ihr Leben lang abarbeitet. Und so ist Marie nicht nur eine Frau, deren Leistungsbezogenheit als Ärztin im wahrsten Sinn des Wortes an den Grenzen der physischen und psychischen Belastungen operiert, um wahlweise dem Vater zu gefallen oder die beeindruckende Karriere des Großvaters nachzuahmen. Was Mariechen antreibt, ist die Ablehnung des Hausfrauendaseins ihrer Mutter, deren Leben ihrer Meinung nach ohne nennenswerte männliche Aufmerksamkeit geblieben ist. Sie kann daher auch mit großer Inbrunst erklären, wie Frauen zu sein oder nicht zu sein haben, welche Ambitionen sie verfolgen sollten, welches Rollenverständnis akzeptabel wäre. Sich in der Frauen- und Lesbenbewegung starkzumachen, das hat sie wie viele Leistungstöchter gar nicht nötig. Durch die starke Identifikation mit dem Vater lebt sie schließlich schon das Leben der Männer. Gleichberechtigung ist für sie schlicht gegeben, und eine Vormachtstellung von Männern gegenüber Frauen kann sie nicht feststellen. In ihrer Vorstellung sind Frauen meist selbst schuld, wenn sie sich im Beruf gegenüber Männern nicht durchsetzen können. Übrigens mitunter ein Grund dafür, warum erfolgreiche Frauen, die es nach diesem Muster an die Spitze geschafft haben, seltener als Mentorinnen junge Nachwuchsfrauen fördern und unterstützen, wie es bei Männern in vergleichbaren Positionen häufig der Fall ist. Im Gegenteil, es ist diesen Erfolgsfrauen geradezu ein Bedürfnis, sich abzugrenzen, sich gegen »Verliererinnen« zu positionieren, insbesondere wenn diese zu den Gefalltöchtern gehören. Verkörpern sie doch die zutiefst abgelehnte Mutterrolle, eine devote und beim Vater wenig angesehene Familienfigur. Dass jemand schwächer ist, löst eher Aggressionen aus als Fürsorge. Schließlich muss jeder sehen, wo er bleibt. Oder anders ausgedrückt: Wer akribisch und fleißig ist, den kann die soziale Abhängigkeit von einem anderen Menschen nicht schwächen. Dass dabei das Wertesystem des Vaters die Wahrnehmung von Konkurrentinnen und Kolleginnen im Beruf bedingt, fällt den Leistungstöchtern gar nicht auf. Sicherlich, man gibt sich auch als weibliche Führungskraft staatstragend und ist, schon der Political Correctness wegen, natürlich auch für Gleichberechtigung, Chancengleichheit und Förderung des weiblichen Führungsnachwuchses. Oftmals jedoch ist es eine ohne nennenswertes Engagement vorgebrachte Forderung, also nicht viel mehr als ein professionelles Lippenbekenntnis.

Warum aber geht es in einem Buch über Blender um Leistungstöchter? Weil sie geradezu der lebende Gegenentwurf zu diesen Blendern sind. Frauen, die als Overfulfiller in Unternehmen, als Arbeitsbienchen geschätzt werden. Fleißig, pünktlich, korrekt und die ihnen übertragenen Aufgaben stets zur vollsten Zufriedenheit erfüllend, steigen die Damen die Karriereleiter nach oben, stellen private und persönliche Bedürfnisse zurück, sind zuverlässig, detailgenau und zur Stelle, wenn man sie braucht. Natürlich finden sie sich nicht nur in leitenden Positionen. Die Vorstandsassistentin Clara Riemann ist so eine Frau. Sie hat – wenn es passte – in einem Vorgesetzten ihr Glück gefunden, konnte ihm zuarbeiten, sich aufopfernd um ihn kümmern und vor allem auf der Haifischetage der sich bekämpfenden Vorstände eine Allianz, eine komplizenhafte Verbindung schmieden, die nicht nur ihrem Vorgesetzten half, sondern auch sie selbst zufrieden machte. Auch äußerlich entsprach Clara diesem Charakter. Ungeachtet ihres bescheidenen Gehalts als Sekretärin ist ihr Auftreten stets überaus gepflegt. Dabei ist sie von größter Zurückhaltung, Auffallen ist nun wirklich nicht ihr Ding. Ihr Lieblingswort ist das altmodische »distinguiert«, auf das sie, um selbst nicht alt zu wirken, gern einen Satz später das Wort »flott« folgen lässt, was die Sache wirklich nicht besser macht. Zurückhaltende Eleganz, perfekt gebügelte

Blusen, Röcke, die nicht nur vor Vorstandssitzungen eilig nach Dienstschluss noch zur Reinigung gebracht wurden, wenig Schmuck außer einer Brosche ihrer Großmutter, die sie wie eine Verdienstplakette oberhalb der Brust am Revers trägt. Modeschmuck, etwas Imitiertes, daran wäre bei ihr gar nicht zu denken. Echt muss es sein! Von den Fingernägeln bis zur Frisur, die Dinge müssen ihre Ordnung haben. Alles liegt an seinem Platz, und wenn jemand das »Juwel« ausleiht, einen legendären Papierhefter mit kleinen Klammern, dann klingelt schon nach zehn Minuten das Telefon, damit er seinen Weg zurück in ihre Schreibtischschublade findet, wo er einen festen Platz hat.

Doch, Clara ist ein Schatz, eine Perle, unverzichtbarer Beistand für jeden Alpha-Mann, der das zu nutzen weiß. Und so fand sie sich im Vorzimmer von Klaus Reiser wieder. Reiser kapierte zwar sonst wenig, aber er ist nicht ohne Intuition für Frauen und verstand sofort, was da gespielt wird. Ein als »Big Daddy« auftretender Mann, dem eine zugetane Frau in erheblichem Maße die Arbeit abnahm, was wollte man mehr? Eine Assistentin, die nie jammerte, noch nicht einmal vor der Jahreshauptversammlung oder den großen Vertreterkonferenzen.

Clara hat keine Kinder. Nach einer Affäre mit dem alten Verleger, der ihr als einzig adäquater Partner erschien, ist sie ledig geblieben. Er war schon zweiundsechzig und sie achtundzwanzig, als es zu ihrer Beziehung kam. Dass sie unbewusst einen Ersatzvater suchte, ist ihr bis heute nicht klar. Zehn Jahre lang währte diese Affäre, doch eigentlich war der Alte Claras Mann. Sie sagte das nie so, und er wäre im Leben nicht auf die Idee gekommen, dass sie das so empfand. Schließlich war er verheiratet, was die ganze Nation wusste und Clara selbstverständlich auch. Einzig der Chauffeur war eingeweiht und wurde für sein Wissen fürstlich entlohnt. So hatte es auch etwas aufregend Komplizenhaftes, wenn sie sich in einer eigens dafür angemieteten Wohnung in Berlin-Charlottenburg trafen. Wenn sie nachts allein im schwarzen Pullmann des Verlags durch die geteilte Stadt aus dem Verlag an der Mauer entlang in die Fasanenstraße gebracht wurde. In »ihre« Wohnung. Sein Tod hat sie so sehr geschmerzt wie der Tod ihres Vaters, der zu allem Überfluss auch noch in dasselbe Jahr fallen musste. Seitdem ist Clara allein, beklagt sich aber nicht darüber. Das entspricht ihr nicht – besser gesagt, es entspricht nicht dem Bild, das sie heute noch für ihren Vater lebt, der stets von Haltung sprach und damit zum Ausdruck brachte, dass ihm jegliche Gefühlsäußerung als Schwäche galt und unerträglich war.

Besonders die jungen Frauen in Führungspositionen entscheiden sich heute anders. Sie versuchen Karriere und Familie gleichermaßen zu realisieren. Die Folge ist, dass diese Frauen die doppelte Leistung erbringen müssen: Um sich zu behaupten, müssen sie mehr leisten als ihre männlichen Kollegen und abends dann auch noch den Haushalt und die Erziehung der Kinder stemmen. Denn, wer hätte es gedacht, die Leistungstöchter, sie transportieren den Gedanken des Erfolgs nahtlos vom Büro in die Familie. Und so dreht sich die Spirale weiter, erleben die Kinder eine Mutter, deren vorrangige Werte »Leistung« und »Erfolg« sind; für die Schulnoten ebenso große Relevanz besitzen, wie sich nicht gehenzulassen, wenn man einmal einen kleinen Schnupfen hat. Keine Lust, das ist für sie ein undenkbarer Zustand! Das Credo der Leistungstochter definiert sich durch Tüchtigkeit, Fleiß und nimmermüden Einsatz. Nur wer durch Härte gegen sich selbst, durch Leistung und ehrlich erworbene Anerkennung auf sich aufmerksam macht, der kann, so die Vorstellung, aus dem Niemandsland des Vergessens hervortreten. Alle anderen Lebensmodelle sind gleichbedeutend damit, überhaupt nicht zu existieren, nicht gesehen, nicht wahrgenommen zu werden.

Und so finden sich im Leben dieser Frauen fabelhafte Blender, die intuitiv begreifen, auf welchen roten Knopf der väterlichen Beantwortung sie drücken müssen, um eine Leistungstochter für sich rennen und die eigene Karriere bereiten zu lassen. Denn diese Leistungstöchter suchen bis ins hohe Alter nur eines vergeblich: geliebt zu werden um ihrer selbst willen.

Warum immer die Falschen Karriere machen

Niederträchtige Sadisten

Manipuliert werden wir alle, ob von Freunden, Familienmitgliedern oder Kollegen im Beruf. Ausgerechnet im Berufsalltag treffen jedoch zwei unheilvolle Komponenten zusammen: Machtlust und Perversion. Sie führen nicht direkt zu ganz großen, dramatischen Ereignissen, wie wir sie aus Filmen kennen, aber es resultieren viele kleine Spitzen und Niederträchtigkeiten aus ihnen, an denen insbesondere Frauen im Beruf leiden. Das eigene Umfeld als krank zu bezeichnen widerstrebt uns, da wir gelernt haben, dass oft sich selbst meint, wer andere bezichtigt. Dennoch sind die destabilisierende Perversion, der subtile Sadismus, die kleine, wohldosierte Bosheit alltäglich in deutschen Büros und Betrieben. Festzustellen ist dabei, dass von Mobbing deutlich mehr Frauen betroffen sind als Männer. Und eine weitere Regel ist leider auch, dass das Opfer, die Angegriffene, meist das Unternehmen verlässt und der Angreifer auch noch als Gewinner aus dem von ihm betriebenen Mobbing hervorgeht und einer raschen Beförderung entgegensieht, weil viele Unternehmer und Unternehmensführer offenbar der Meinung sind: »Der eckt zwar an, der Schmidt, und Beschwerden gibt es auch immer wieder mal, aber irgendwie hat der den Laden einfach im Griff.« Von wegen.

Versteckte Anspielungen, Lügen, Demütigungen, Isolation, Einflüsterungen und Unausgesprochenes, all das gehört in das Paket einer sadistischen Attacke, die oft aus einer unbewussten Zerstörungswut heraus stattfindet und deren wesentliches Merkmal ist, dass man sie nur sehr schwer dingfest machen kann. Das liegt daran, dass jede Anspielung von Bedeutung ist, jedes Wort, jede Intonation tatsächlich Gehalt hat, nur greifen kann man es nicht richtig. Sie kennen dieses Gefühl, man möchte sich wehren, aber irgendwie ist die Geschichte zu lang, und jeder würde abwinken, begänne man die Sache zu erklären. Man würde sich sogar selbst der Situation aussetzen, sich lächerlich zu machen, als »Spinner«, »krank« oder »gaga« abgetan zu werden. Offenbar erwartet unser Umfeld, dass eine Erklärung, eine Äußerung zu einem Sachverhalt eine rhetorisch knappe Pointe beinhaltet, um das Gesagte anzuerkennen oder wenigstens wahrzunehmen. Wer es nicht treffend sagt, landet im Abseits. Die passenden Antworten fallen uns jedoch erst viel später ein, wenn wir abends nicht in den Schlaf finden, weil wir uns über das Geschehene so grämen. Möglicherweise versteht das dann noch nicht einmal der eigene Partner und dreht sich mit dem Kommentar »Meinst du nicht, du übertreibst etwas?« auf die Seite und schläft ein. Doch das Gefühl tiefer Verletzung ist berechtigt, es ist der Schmerz eines sadistischen Angriffs, der zwölf Stunden zurückliegt. Nur dass sich alle scheuen, diesen Ausdruck zu verwenden. Dabei ist es genau das: der infame, hinterhältige Angriff eines perversen Täters.

In unserer Gesellschaft schenken wir den Tätern oft mehr Aufmerksamkeit als den Opfern. Täter, selbst schlimmster Verbrechen, werden zu temporären Medienstars. Deshalb geht es hier zunächst um die Opfer. Die sind, anders, als die Täter uns glauben machen wollen, weder verrückt noch gestört, sie sind nicht einmal sonderlich schwach. Im Gegenteil. In Unternehmen setzt Mobbing oft dann ein, wenn sich eine stets servile, hilfsbereite und engagierte Mitarbeiterin erstmals dem selbstherrlichen Chef widersetzt und versucht, ihre Grenzen zu setzen. Erst der Widerstand gegen eine vermeintlich heilige Autorität macht das Opfer dann zur Zielscheibe. So sind die Angegriffenen in den meisten Fällen alles andere als verweichlichte Drückeberger oder Arbeitsverweigerer. Im Gegenteil, gerade Frauen wie Clara Riemann, die immer zur Stelle sind, perfektionistisch arbeiten, stets ihr Soll erfüllen und förmlich für die Firma leben, sind davon betroffen.

Sicher, Clara Riemann hatte eine große Klappe und der Finanzvorstand des Konzerns dafür offenbar zu wenig Selbstbewusstsein. In allem und jedem sah er sich verfolgt, in seiner Paranoia von anderen tendenziell über den Tisch gezogen und war an Stellen gekränkt, die seine Mitarbeiter nicht für möglich gehalten hätten. Immerhin war der Mann Finanzvorstand eines großen Medienunternehmens. Clara hatte eine Art, die Dinge auszudrücken, die von anderen Vorgesetzten sehr geschätzt wurde, unverblümt und dennoch freundlich, direkt und dabei nicht verletzend. Sie traf den Punkt, aber sie tat das aus dem Selbstverständnis heraus, die Dinge zum Guten zu wenden, voranzukommen, besser zu werden. Genauso kommunizierte sie mit ihrem Chef, auch wenn es ihn selbst betraf. Doch da war sie bei dem Vorgänger von Klaus Reiser an der falschen Stelle. Der Mann war ein von Ängsten und Zwängen geplagter Mittfünfziger, der erschreckend mitleidlos und gefühlskalt war, ein passiv aggressiver, gehemmter Mann mit der perversen Neigung, andere in einen psychologischen Krieg zu zwingen. Diesen Psychoterror gibt es in zwei Ausprägungen:

- Der offene Machtmissbrauch, der von Mitarbeitern rasch entlarvt wird und in den meisten Fällen zur Disqualifikation des Vorgesetzten führt.
- Die hinterhältige, gemeine Manipulation in kleinen Dosen, die weitaus mehr Schaden anrichtet, von Unternehmenslenkern aber immer noch nicht als Produktivschaden ernst genommen wird.

Der Finanzvorstand war von der letzteren Sorte. Er testete seine Opfer, begann sein Spiel unter Ausnutzung seiner Position auf harmlose Weise. Hier eine Andeutung, dort eine abwertende Geste. Doch seine Meisterschaft fand er darin, gar nicht zu kommunizieren. Die dargebotene Hand von Mitarbeitern zu übersehen, bei der Begrüßung in eine andere Richtung zu schauen oder auf Fragen hin so zu tun, als hätte er sie nicht gehört. Die Betroffenen reagierten so, als hätten sie die Herabsetzung nicht bemerkt. Schließlich will man kein großes Aufhebens machen, und vielleicht war es ja nur ein Missverständnis, ein Vorfall, der sich nur ganz subjektiv so anfühlte wie eine Beleidigung. Dem Angreifer kam zugute, dass er in der Position des Vorstands war und man sich unweigerlich fragte, ob man nicht viel zu empfindlich sei, schließlich sagten ja auch Kollegen schon mal: »Bezieh doch nicht immer alles auf dich.« Das ist wahrscheinlich der unreflektierteste Reflex auf eine Mobbing-Attacke, den Kollegen aus der Schublade ziehen können. Clara stellte fest, dass es die Kollegen offenbar aus Egoismus, Feigheit oder Angst vorzogen, sich aus der Sache herauszuhalten. Sie mussten doch bemerken, wie ihr Chef sie kleinmachte oder wie er das ihr zugerufene »Riemännchen« mit Verachtung intonierte, um auf ihren Einspruch hin sofort zu sagen: »Wieso, ist doch nur nett gemeint!« Zu ihrer Urlaubsvertretung sagte er bei der Übergabe vor den Ferien: »Sie sind bestimmt eine Assistentin, auf die ich mich endlich einmal verlassen kann.« Der Satz war deshalb besonders gemein, weil er in den zwei Wochen Italien-Urlaub nachhallte und Clara im Ungewissen darüber ließ, ob sie nach ihrer Rückkehr nicht direkt von ihrem Platz verdrängt worden wäre.

Nichtsdestotrotz war sich Clara auch sicher, nach all den Jahren im Betrieb ein dickes Fell zu besitzen und den Mann zu überstehen, so wie sie schon viele hatte kommen und gehen sehen. Doch es war falsch, die ersten Zeichen seiner Angriffe zu ignorieren, sie auf die leichte Schulter zu nehmen und sich nicht sofort lautstark zu wehren. Die Angriffe wurden nämlich schlimmer. Nichts konnte die akribische Clara ihrem Chef auf einmal mehr recht machen. Abends kam sie kaputt, verbraucht, depressiv und gedemütigt nach Hause. Doch das Schlimmste war, dass sie unter diesem Druck tatsächlich Fehler machte, die sofort und in aller Schärfe quittiert wurden. Sie war unsicher geworden, fahrig, unkonzentriert und hatte schlicht Angst, morgens an ihrem Arbeitsplatz zu erscheinen. Allein schon das gleiche Aftershave wie das ihres Chefs an einem anderen Mann in der U-Bahn zu riechen, löste bei der erfahrenen Vorstandsassistentin eine geradezu beklemmende Furcht aus, ganz im Sinne eines defensiv konditionierten Reflexes.

Mobbing ist ein kreisförmiges System. Es hat folglich keinen richtigen Anfang und kein Ende, keinen »Packan«, es gibt also keine Stelle, an der man der Sache habhaft werden könnte. Nicht einmal die Ursache ist irgendwann noch wirklich zu klären, vermutlich weil die Sache keiner rationalen Ursache bedurfte. Die Angriffe eines perversen Täters bedürfen keiner rationalen Ursache, sie verfehlen gleichwohl nicht ihre Wirkung. Clara Riemann hatte nichts falsch gemacht, sie hatte nicht aus Gründen mangelnder Leistung oder eines Fehlverhaltens den Zorn oder Unwillen ihres damaligen Chefs auf sich gezogen. Nein, es war ihre wachsende Furcht, die er spürte. Sie erfüllte ihn mit einer Mischung aus Lust und Aggression. Er schikanierte sie, weil er es konnte, weil sie als Objekt verfügbar war. Den Kollegen im Vorstand blieb das nicht verborgen, doch waren sic der Meinung, es handele sich um Petitessen, um Kleinigkeiten zwischen einem geschätzten Kollegen und seiner Sekretärin. »Wir sind hier ja nicht im Kindergarten«, ist die übliche pseudoerwachsene Haltung, die Vorgesetzte und Kollegen an den Tag legen, wenn sie derlei in ihrem Team, ihrer Firma, ihrem Mitarbeiterstab bemerken. Auf den unteren Management-Ebenen verschärft sich das Problem. Denn dort werden die »kleinen Chefs«, also Abteilungsleiter, Vorarbeiter und das mittlere Management, in der Regel nach fachlicher Qualifikation befördert. Der beste Schrauber wird in der Regel Kolonnenführer, nicht derjenige, der Mitarbeiter am besten führen kann. Man nimmt die Sache nicht ernst, lässt es laufen, und damit geht es erst richtig los!

Ist der Prozess des Quälens erst einmal so richtig in Schwung gekommen, wird das Opfer schließlich richtig fertiggemacht. Es beginnt mit einer subtilen, aber sehr effektvollen Stigmatisierung. Das kann nur funktionieren, weil zuvor ein stilles Einverständnis der übrigen Mitglieder einer Gruppe darüber hergestellt worden ist, dass das, was da geschieht, schon seine Richtigkeit hat. Auf der Top-Etage waren es die Vorstände, vor allem aber die anderen Sekretärinnen, die tatenlos zusahen; die ganz offenbar ihre eigene Lust an der Herabwürdigung der Kollegin subtil hinter der Schutzbehauptung verbargen, nicht aufzubegehren, weil man Angst habe, es könnte einen selbst der Zorn des Angreifers treffen – und außerdem sei ja auch alles gar nicht so schlimm. Der perverse Finanzvorstand hatte folglich freie Fahrt. Clara, so ihr damaliger Chef, sei eben ein schwieriger Charakter. Es sei doch schon auch verwunderlich, dass sie nie verheiratet gewesen sei. Wahrscheinlich zehre sie immer noch von der Affäre mit dem alten Verleger, eigentlich habe sie sich ja nach oben geschlafen. Das alles schmerzte Clara unendlich. Besonders, weil sie sich dem Verlag seit vielen Jahren so verbunden fühlte. Es war *ihr* Unternehmen, wie konnte man sie da nur so schlecht behandeln? Die Sache fiel auch deshalb auf fruchtbaren Boden, weil sich die anderen Sekretärinnen der Vorstandsetage schon immer von Clara abzugrenzen suchten. Sie hatten das subjektive Gefühl, dass ihre Kollegin eine Sonderstellung einnahm, was in Wirklichkeit gar nicht Claras Intention war. Doch nachdem der Finanzvorstand einmal lautlos zum »Halali« auf die Kollegin geblasen hatte, war die kollektive Jagd auf Clara eröffnet. Die Kolleginnen ließen ihr nun auf einmal Post nicht mehr zugehen, Termine und Rückrufwünsche unter den Tisch fallen, sie verlegten Akten und leiteten Nachrichten nicht an sie weiter. Bei ihrem Vorgesetzten hätte sie sich kaum beschweren können, es hätte ihn nur bestätigt. Clara war klar, was dann gekommen wäre: »Wenn Sie sich als Vorstandsassistentin hier nicht durchsetzen können, dann haben Sie in meinem Vorzimmer den falschen Job.« Sie wurde patzig, fraß den Kummer aber in sich hinein. Bis zu dem Tag, als man ihr die Versetzung auf eine andere Stelle im Unternehmen nahelegte, als Sekretärin des »CMO« Klaus Reiser. Ihr damaliger Chef ist noch heute ein angesehener Finanzvorstand. Er hat sie erfolgreich weggemobbt. Nicht weil Claras Leistungen unterdurchschnittlich gewesen wären, nicht weil er sie außergewöhnlich schlecht leiden konnte oder die Chemie zwischen den beiden nicht stimmte. Der einzige Grund war wohl, dass er es offenbar nötig hatte, eine gestandene Sekretärin zu Boden zu drücken, sie zu vernichten, ihr zu zeigen, wer der Chef ist. Es ging um Geltungsdrang, darum, jemand zu sein und darzustellen, Macht auszuüben, sich durch sie eines fremden Lebens zu bemächtigen. Eigentlich ist das eine Beraubung, weswegen auch der Begriff »pervers« zutreffend ist. Den Tätern ist gemeinsam, dass sie Neid verspüren. Neid auf ein gelebtes Leben, auf Anerkennung und Zufriedenheit, Zugehörigkeit zu einem Freundeskreis, eine intakte Partnerschaft, Humor, Lebensfreude und übrigens nur in seltenen Fällen auf Materielles. Vielmehr wächst die Missgunst bei jenen, die in der Tiefe ihrer Seele eine Leere ihres Selbst erahnen. Menschen, die unfähig sind, echte Beziehungen aufzubauen, die die selbstempfundene Leere der eigenen Existenz mit der Lebendigkeit eines anderen aufzufüllen suchen. Unverständlich und deswegen so perfekt maskiert ist dieser Vampirismus, weil wir uns nicht vorstellen können, dass er von einem Vorstand, einem Millionär, einer reichen Witwe, einem Chef betrieben wird, also jenen, denen es äußerlich doch viel besser zu gehen scheint als uns selbst. Auf dieser Paradoxie basiert die Wirksamkeit des Angriffs, basiert der Effekt, dass das Umfeld den Angreifer schützt und nicht das Opfer.

Ein mobbender Angreifer hätte keine Chance, wenn die Kollegen Missbrauch und Nötigung in der Anfangsphase der ersten Herabwürdigungen sofort als unpassend und deplatziert zurückweisen würden.

Laut aufzubegehren, sich zu wehren wird die Sache zunächst verschlimmern, ist aber alternativlos. Dabei muss man auch in Kauf nehmen, dass sich die Kollegen abwenden. Wer sich in einem Lokal zu Recht und mit deutlichen Worten beim Wirt über das Essen oder die mangelnde Hygiene beschwert, wird den Zorn der anderen Gäste auf sich ziehen. Die Solidarität gilt dem Wirt selbst dann, wenn die Zustände bekanntermaßen dramatisch sind. Gern wird dann von der Gruppe auf das verwiesen, was den Hilflosen – also der Mehrheit – immer ein vermeintlicher Rat ist, wenn sie den inhaltlichen Kern einer Situation nicht durchschauen, nämlich die Form: »Das mag ja alles sein, aber nicht in dem Ton!« Das Gleiche passiert in Büros, Firmen und Werkstätten täglich. Der Angreifer wird geschützt, das Opfer isoliert und ausgesondert.

Es lohnt sich, Verhaltensweisen zu benennen, auch wenn man damit nervt. Stiche als solche offenzulegen, sich zu beschweren und, wenn nichts anderes hilft, so rasch wie möglich juristischen Beistand zu suchen und Klage zu erheben. Mag sein, dass man sich mittelfristig eine andere Arbeitsstelle suchen muss, aber diese Konsequenz ist gegenüber dem fortgesetzten Leid eines dauerhaften Psychoterrors weitaus erträglicher. Deswegen gilt hier im Beruf wie im Privatleben die Devise: »Wehret den Anfängen.«

Hysterische Schaumschläger

Er ist das Gegenstück zum kalten und menschenfeindlichen schizoiden Typus des Sadisten: der hysterische Blender. Sein großzügiger Umgang mit der Wahrheit und sein mangelnder Bezug zur Realität charakterisieren ihn ebenso wie ein sehr flexibler Umgang mit den Notwendigkeiten des Lebens bis zur Leugnung des faktisch Unvermeidbaren.

Markus, der Mann von Lucy, war nicht fähig und bereit dazu, erwachsen zu werden. Er blieb in der Scheinwelt einer Jugendlichkeit hängen, deren Motto lautete: »Man ist doch immer nur so alt, wie man sich fühlt.« Das Unverbindliche, dieses Nichtfestlegen, die Vermeidung der Übernahme von Verantwortung sind Ausdruck einer Hysterie, die aus der Angst vor dem Endgültigen resultiert, wie der 1979 verstorbene Analytiker Fritz Riemann in seinem Buch *Grundformen der Angst* feststellt. Die positive Eigenschaft des hysterischen Menschen ist dagegen seine Bereitschaft, sich zu verändern, neue Entwicklungen aufzunehmen und darauf einzugehen. Alles Neue hat für ihn einen unwiderstehlichen Reiz. Seine Ablehnung gilt hingegen Regeln, der allgemeinen Ordnung, Disziplin, mithin allem, was seiner Vorstellung von Freiheitsdrang entgegenwirkt. *Carpe diem!*, nutze den Tag, das ist sein Wahlspruch. Die erst gestern eingegangenen Verpflichtungen, Zusagen und Festlegungen sind heute schon Vergangenheit und werden auch nur allzu gern verdrängt. Regeln erschaffen sich diese Blender selbst, beziehungsweise legen sie allgemeingültige Regeln recht flexibel aus. Zwar gehen sie mit ihrem Umfeld respektvoll um, bleiben aber immer auf ihren Vorteil bedacht und finden stets ein Hintertürchen, einen Ausweg, eine Ausrede, um sich den Konsequenzen des eigenen Handelns zu entziehen.

Und so gehen die hysterischen Blender vor allem großzügig mit der Realität der anderen um. Man erkennt sie daran, dass sie oft zu spät kommen und gar nichts Besonderes daran finden können, wenn andere gewartet haben. Vorschriften und Gesetze sind nun wirklich nicht ihr Ding. Das Punkte-Konto in Flensburg ist übervoll, die Geschwindigkeitsbeschränkung eher eine grobe Richtlinie, und sie können richtig wütend werden, wenn sie mit ihrem schnellen Audi Sport, Porsche Cayenne oder BMW 5er mit 180 km/h auf der Autobahn in einer Baustelle geblitzt werden. Eine Ungerechtigkeit! Wenn sie gerade arbeitslos sind, kann es schon passieren, dass sie sich beim eigenen Bruder Geld für eine Fortbildung leihen, um es in Wirklichkeit für einen übergroßen, teuren Marken-Flatscreen auszugeben. Irgendwie wird man dem Bruder sein Geld schon zurückgeben können, und die Fortbildung will man ja auch irgendwie machen, nur gerade geht das aus irgendwelchen Gründen so ganz und gar nicht. Will dann der Bruder sein

Geld zurück, ist er ein Geizhals, unmenschlich oder missgünstig. Die Verschiebung der eigenen Schuld auf den Bruder dient dazu, sich selbst nicht mit dem eigenen Tun, der eigenen Verantwortung konfrontieren zu müssen. Die Tatsache, dass man sich Geld geliehen hat, ist längst vergessen, untergegangen, schon fast nicht mehr wahr. Ganz im Sinne Friedrich Nietzsches, der schrieb: »Das habe ich getan, sagt mein Gedächtnis. Das kann ich nicht getan haben, sagt mein Stolz und bleibt unerbittlich. Endlich – das Gedächtnis gibt nach.«

Hysterische Schaumschläger sind Blender, die in einer Scheinwelt leben, einer Welt, die nicht die wirkliche Welt ist, sondern ein Konstrukt. In dieser Scheinwelt wird alles relativiert, entschuldigt, bagatellisiert. Zutreffende Vorwürfe von Journalisten, Kollegen, Mitarbeitern oder Familienmitgliedern werden von ihnen gern als vollkommen aus der Luft gegriffen oder jeglicher Grundlage entbehrend zurückgewiesen. Die Felix Krulls dieser Welt glauben an ihre Sicht der Dinge, weshalb sie gekränkt, beleidigt und ernsthaft enttäuscht sind, von ihrem Umfeld so verkannt zu werden. Tatsächlich orientieren sie sich an einem idealisierten Scheinbild, einer Illusion, einer Wunschvorstellung und phantastischen Tagträumerei von sich selbst, die immer realer wird, je öfter man sie sich selbst erzählt. Genau dort findet der Übergang zur Hochstapelei statt. Es beginnt mit kleinen Korrekturen am Lebenslauf, einem fließend gesprochenen Französisch, wo in Wirklichkeit die zwei Jahre Schulfranzösisch noch nicht einmal mehr für die Bestellung eines Cidre in einem französischen Bistro genügen würden. Das geht über kleine Schummeleien bis hin zur Inszenierung ganzer Karrieren, gefälschter Zeugnisse, Auszeichnungen und akademischer Würden. Dass man seine Promotion in weiten Teilen nur abgeschrieben hat, ist vergessen, das war gestern, ist ja schon lange her und längst verdrängt, denn das Morgen, das Neue, das ist es, was jetzt zählt. Das Problem dabei ist nur, dass die Vergangenheit uns gelegentlich einholt und sich für die anderen dann ganz anders darstellt, als wir es gern hätten. Man könnte auch sagen, der Blender verstrickt sich so sehr in seine Schein- und Wunschwelt, dass er sich in der »wirklichen Wirklichkeit«, wie Riemann es nennt, gar nicht mehr auskennt.

Das Leben der Blender, es besteht aus Theatralik, aus Wirkung und Effekten. Alles ist Show, alles eine Inszenierung der eigenen Person. Und so stärken und fördern die Blender unbewusst jene Charaktereigenschaften und Fähigkeiten in sich, die diese Wirkung maximal zur Geltung bringen, die das Leben in der Scheinwelt stärken. Dazu gehören Auftreten, Stimme, Sprache sowie eine enorme Beweglichkeit, dies den Bedürfnissen eines Gegenübers oder einer Gruppe so anzupassen, dass das Gesagte und Getane ankommt, dass es überzeugt. Einmal verstanden habend, wie Worte genutzt werden können und welche Manipulationskraft die Stimme besitzt, sind Blender ausgezeichnete Autohändler, Vertriebsmitarbeiter oder Verkäufer, die mit einer großen Suggestionskraft andere davon überzeugen können, etwas zu kaufen, was sie möglicherweise überhaupt nicht wollten. Das Bedürfnis nach Beantwortung hat einen übermäßigen Stellenwert. Das ganze Tun ist darauf ausgerichtet, mit dem denkbar geringsten Aufwand möglichst viel Zuspruch, Anerkennung und Aufmerksamkeit zu erhalten. Deswegen findet man hysterische Blender, neben den schon genannten Berufen, auch unter Moderatoren, im Hotelfach, den Medien, unter Schauspielern und Politikern in allen Milieus, Gruppen und Szenen. In St. Moritz geben sie im Pelzmantel den charmanten, dekadenten Erben, in Berlin den kunstbeflissenen Intellektuellen, bei der neuen Freundin in Posemuckel den einfühlsamen Schwiegersohn und im Geschäft den erfolgreichen Aufsteiger, den »Mann von morgen«, den Spitzenpolitiker, auf dem alle Hoffnungen ruhen. Richtig wohl fühlen sie sich auf Partys und Veranstaltungen. Ihnen liegt der Glamour und der rote Teppich, die große Welt ist ihr Terrain, das tägliche Klein-Klein im Unternehmen, dem Ministerium, dem Amt oder der Firma finden sie eher unangemessen, lästig, und sie entziehen sich oft mittels Ausreden und Entschuldigungen. Wenn gar nichts mehr geht, wird der hysterische Blender krank und lässt sich – jedenfalls zum Schein – in eine Klinik einweisen. Damit gewinnt er Zeit, und das Spiel kann weitergehen oder von vorn beginnen.

Wie bei Andy Weder, dem Radiomann mit der lustigen Hornbrille. Im Hörfunk fand er seine Bestimmung, eignete sich das persönlichkeitsbezogene Medium doch ideal zur Selbstdarstellung. Er konnte aber auch seine Wendigkeit unter Beweis stellen, seinem Geltungsbedürfnis freien Lauf lassen, prominente Gäste begrüßen, wurde zu Events und Veranstaltungen gebeten und hatte die Möglichkeit, als »Medienmacher« den Glanz seiner Persönlichkeit über eine öffentlich-rechtliche Medieninstitution zu erhöhen und seinen Wunsch nach Publikum zu befriedigen.

Die Flexibilität der Blender ist faszinierend, doch hat sie zugleich etwas unglaublich Charakterloses. Denn der Mangel an Kontinuität, das Schillernde und die lustvolle Fähigkeit zum Rollenspiel täuschen darüber hinweg, dass eine eigene Identität nicht wirklich entwickelt worden ist. Vielmehr ist das eigene Wesen an den Bedürfnissen anderer orientiert, ihren Reaktionen, ihrer Beantwortung geschuldet. Klare Konturen einer differenzierten Persönlichkeit können sich so nicht entwickeln. Der hysterische Blender ahnt seine innere Leere natürlich, weshalb man es sich mit ihm auf ewig verscherzen kann, wenn man ihn nicht amüsant, liebenswert, begabt oder talentiert findet. Das ist kaum verzeihlich und für den Blender schwer zu ertragen. Er zeigt sich narzisstisch gekränkt, zieht sich voller Unverständnis zurück, kann die Kritik an seiner Person im wahrsten Sinn des Wortes nicht verstehen. Sein Bedürfnis danach, bestätigt zu werden, Beantwortung und Zuspruch von anderen zu finden, hat fast schon pathologische Züge und ist wenig priorisiert. Es ist folglich egal, ob die burschikose Kellnerin eines Berliner Szene-Restaurants ablehnend kühl auf die hysterische Charme-Attacke reagiert oder die eigene Freundin berechtigte Kritik am Zusammenleben äußert.

Wir alle tragen verschiedene Persönlichkeitsaspekte von schizoiden, hysterischen, depressiven und zwanghaften Tendenzen in uns. Das ist für sich gesehen weder krankhaft noch besonders ungewöhnlich. Auf die Mischung kommt es jedoch schon an und darauf, wie stark die einzelnen Charaktereigenschaften ausgeprägt sind. Es gibt die schikanierenden Chefs, die Choleriker, die hysterischen Blender, die zwanghaften Pedanten, die narzisstischen oder melancholischen Aussitzer, die keine Entscheidungen treffen können. Tatsächlich lassen sich vier wesentliche Grundformen unterscheiden. Es ist aufschlussreich zu wissen, dass sich schizoide, dissoziale Menschen, deren Leben sich immer um sich selbst dreht, oft einen Partner suchen oder sich beruflich mit jemandem gut verstehen, der dem entspricht. Also einen depressiv-melancholischen Typ, dessen Ziel es ist, um jemanden zu kreisen, jemanden zu versorgen, ihn zum Mittelpunkt seines Daseins zu machen. Das ist der Grund, warum so viele ekelhafte Chefs ruhige, stille, in sich gekehrte Assistentinnen haben, die ihnen in großer Loyalität dreißig Jahre lang ergeben zuarbeiten.

Das zweite Paar bildet der hysterische Typ, dessen Fliehkräfte permanent die Bahn seines eigenen Seins zu verlassen drohen, zusammen mit dem pedantisch-zwanghaften Menschen – einem Gegenstück, das Ordnung in sein Leben bringt und dem Satelliten auf der Umlaufbahn eine Erdanziehungskraft entgegensetzt, ihn erdet, ihm aber auch sein labiles Selbstwertgefühl stärkt. Er braucht den Partner, den Kollegen, den Freund, um sich selbst zu spiegeln. Seine Eigenliebe bedarf dieser Bestätigung, sein Narzissmus braucht die Resonanz der anderen wie eine Blume das Wasser.

Der gesunde Hysteriker ist offen, zugewandt, eloquent, improvisationsstark und überzeugend. Der hysterische Blender ist dagegen voller Geltungsdrang, ungesund narzisstisch, auf der stetigen Suche nach Bestätigung, zwanghaft im Mittelpunkt, unecht, verlogen und in Rollenspielen und Scheinwelten gefangen bis zur Hochstapelei. Dabei zeigt sich bei Frauen oftmals ein gut maskierter Männerhass und bei Männern das, was wir bei Mirko, dem Aufreißer, kennengelernt haben, das zwanghafte Bestäuben wahlloser Blümchen in einem Don-Juan-Syndrom.

Vor dem Hintergrund des aktuellen politischen Geschehens um Bundespräsidenten und Minister, um erschummelte Promotionen, Moderatoren im dramatischen Beziehungsdschungel, Piloten ohne Lizenz und Oberärzte ohne Studium muss die Frage erlaubt sein, ob unsere auf Äußerlichkeiten ausgerichtete Medienrealität das Blendertum nicht nur fördert, sondern es geradezu notwendig ist, sich besser darzustellen, als man eigentlich ist, den Lebenslauf aufzupolieren, Orden und Auszeichnungen zu sammeln und das Internet bestmöglich mit positiven Informationen zu füttern (»Reputation Management«), um im Wettbewerb einer Welt zu bestehen, deren Wertmaßstäbe schon seit langem mehr der Form als dem Inhalt geschuldet sind.

Sieben Strategien gegen Blender
und ein Trost

1. Männliche Manipulation

Lassen Sie sich nicht blenden
Im Beruf oder privat, in der Karriere oder in der Beziehung, die Tricks und Methoden der Blender, derer, die uns manipulieren, sie sind strukturell ähnlich. Die täglichen Versuche anderer, unsere Geduld, Zuwendung, Aufmerksamkeit und Loyalität für eigene Zwecke zu missbrauchen, kann man benennen und sogar klar voneinander abgrenzen.

Und so läuft die Nummer im *Privaten* an der Bar:

1. Der Aufriss
Der »erfolgreiche Verführer« stylt und gibt sich wie ein Alpha-Tier. Dunkler Anzug, weißes Hemd, leicht geöffnet, schmale Schuhe, dezent breitbeiniger Gang. Selbstbewusstsein und Stärke, das ist es, was erfolgreiche Abschlepper zu demonstrieren suchen. Denn Frauen fühlen sich in der Gegenwart von starken Männern selbst dann geborgen, wenn die ganze Sache nur ein Fake, also Blendwerk im Geschlechterkampf ist. Lange vorhalten muss die Maskerade ohnedies nicht, der Mann will sein erklärtes Opfer, auch »Target« genannt, schließlich nur ein einziges Mal ins Bett bekommen. Das Ganze ist ein Spiel, nur

dass es den beteiligten Frauen niemand mitgeteilt hat. Zunächst steckt der erfolgreiche Verführer sein Jagdgebiet ab und identifiziert sein Zielobjekt. Hat er eine Frau im Visier, sieht er ihr direkt in die Augen. Drei Sekunden, keinesfalls länger. Dann geht er auf sein Opfer zu. »Du darfst«, so die Anweisung aus *Master dein Opening*, »auf keinen Fall zögern, sonst spürt sie deine Furcht und hat keinen Respekt vor dir.« Im Zentrum steht nun der »Opener«. Früher hätte man das wohl schlicht Anmachspruch genannt. Diese Sätze werden von den PUA-Lehrlingen in Schulungen, Seminaren und Selbsttrainings vor dem heimischen Badezimmerspiegel auswendig gelernt. Ihr Merkmal ist die vollkommene Sinnlosigkeit. So wurde meine Freundin Mariechen in der Kölner Bützebar am legendären Date-Donnerstag gleich dreimal hintereinander von irgendwelchen Typen mit dem Spruch »Zahnseide oder Zahnbürste, was nimmst du?« angesprochen. Die bekannteste Opening-Szene ist wohl, sich zu einer Gruppe von Freundinnen an einer Bar zu gesellen. Der PUA dreht sich dabei mit dem Rücken zu jener Frau, die er erobern möchte, und fragt in die Runde: »Sagt mal, mein Freund dahinten und ich, wir haben eine Wette laufen: Wer lügt mehr, Männer oder Frauen?« Unabdingbar ist dafür der mitgebrachte Freund. Der heißt in der PUA-Szene nicht mehr Kumpel, sondern »Wingman«. Hey, Profis!

Nun kommt der Angreifer vorsichtig mit dem »Target« ins Gespräch. Aber schon nach einigen Minuten des Gesprächs wendet er sich von seinem Opfer ab und lässt es links liegen. Ziel ist es, die Frau damit zu irritieren und ihr

Interesse zu wecken, indem er nun im Gespräch mit den Freundinnen versucht, leichte Eifersucht bei der Zielperson herzustellen.

Nach einigen Momenten wendet er sich ihr dann wieder zu. Dabei ist es tatsächlich reichlich egal, was er zu ihr sagt, es muss nur positiv sein. Frauen beurteilen Männer in solchen Alltagssituationen nicht in erster Linie danach, was sie sagen, sondern wie sie es sagen. Eine dunkle, ruhige Stimme löst dabei ein Gefühl des Beschütztseins aus. In Kombination mit einer aufrechten Körperhaltung signalisiert das so viel wie »Ich bin stark und zuverlässig, du kannst mir vertrauen«.

Sobald sie sich auf ihn einlässt und nur ein klein wenig Interesse signalisiert, holt er aus und verpasst ihr einen erheblichen, gemeinen Dämpfer.

2. Gezielte Verunsicherung

Besonders attraktive Frauen sind es gewohnt, das Heft in der Hand zu halten, umschmeichelt und mit Aufmerksamkeit und Komplimenten bedacht zu werden. Folglich sind sie unendlich gelangweilt und sehen in dieser eigentlich freundlichen Zuwendung in der Regel sogar einen schwachen Mann. Lang ist die Liste der Hollywood-Streifen, wie zum Beispiel *Indiana Jones*, in denen sich die Schöne am Ende in ein Raubein verliebt, das sie zuvor neunzig Kinominuten lang mies, abfällig und herablassend behandelt hat. Im wahren Leben funktioniert das ähnlich. Die Blender kennen den Effekt und werden richtiggehend gemein zu genau jener Person, die sie eigentlich für sich gewinnen wollen. Pit, der Sugar Daddy aus *Scheißkerle*, der mit den Trockenblumensträußchen, pflegte besonders attraktiven, unerreichbar erscheinenden Damen mit den Worten auf die Füße zu sehen: »Ich finde ja große Füße schrecklich abstoßend.« Andere Aufreißer holen Kaugummis raus und bieten diese unvermittelt an, nachdem das Gespräch etwas intensiver und die Köpfe sich etwas näher gekommen sind. Ziel ist immer die Verunsicherung, die Schwächung des – aus Sicht des Angreifers – überlegenen weiblichen Gegenübers. Das belegt natürlich, wie unsicher und unterlegen sich diese Männer a priori gegenüber einer attraktiven Frau fühlen. Doch kommt die Attacke so überraschend, dass sich jeder angesichts des dargebotenen Kaugummis fragen würde: »Habe ich Mundgeruch?« Diese gezielte Schwächung des Selbstwertgefühls nutzt der Angreifer, um sein Opfer leichter manipulieren zu können. Das ist gemein, aber es kommt noch schlimmer.

3. Ignorieren

Der satanische Verführer platziert sich nicht direkt gegenüber der Dame, die er im Visier hat, sondern seitlich versetzt, was besonders bei einem Barhocker gut funktioniert, und schaut sie über die Schulter an. Diese Fluchtposition signalisiert ihr: »Sei dir meiner nicht zu sicher, ich bin eigentlich schon auf dem Sprung.« Doch wird es in der nächsten Eskalationsstufe noch perfider. Der Verführer wendet sich nun anderen Damen an der Bar zu und beginnt mit diesen ein Gespräch. Er ignoriert sein Opfer ganz gezielt und lässt es so im Unklaren, was seine Absichten sind, lässt es zweifeln, ob er wirklich interessiert ist. Nach acht bis zehn Minuten wendet er sich der Frau wieder zu. Sie ist jetzt bereit und schenkt ihm ihre volle Aufmerksamkeit, versucht zu verhindern, dass er sich wieder ab- und damit den anderen zuwendet. Der Trick ist deshalb so beliebt, weil er vollkommen unabhängig von der Attraktivität des Angreifers zuverlässig funktioniert. Frauen, insbesondere solche, die es aufgrund ihrer Attraktivität gewohnt sind, im Mittelpunkt zu stehen, Prinzessin zu sein, wollen erreichen, dass man sich um sie bemüht. So versucht sie seine Aufmerksamkeit zu binden, in der Hoffnung, wieder die Oberhand über dieses Spiel zu gewinnen. Doch hat er sie im wahrsten Sinn des Wortes längst am Wickel.

4. Berührungen und Gesten

Hat er sie, wo er sie hinhaben will, ist die einzige Methode, dieses Spiel noch für sich zu entscheiden, aufzustehen, kein Wort mehr zu sagen und die Szene mit einem wissenden Lächeln zu verlassen. Wer bleibt, setzt sich weiter einem Spiel aus, dessen nächste Phase die körperliche Annäherung ist. Zufällige Berührungen wie das Streifen des Arms, Handauflegen, Tätscheln der Wangen. Es funktioniert beim Aufriss genauso gut wie im Beruf, wo der Chef Nähe und Vertrauen signalisieren will, indem er beim Hinausgehen aus dem Konferenzraum einen Arm auf die Schulter, noch intimer, auf den Nierenbereich legt, um einen sanft aus der Tür oder in den Fahrstuhl zu dirigieren. Die Geste hat etwas so Dominantes wie Fürsorgliches. Sie bedeutet: »Ich weise dir den Weg«, vermittelt zugleich aber auch Nähe und Geborgenheit. Das ist zunächst nichts Negatives.

Einen Trickser hat sie sich jedoch eingefangen, wenn er ihr bedeutsam die Haare zurückstreicht und dann, weil es ja hier so laut ist, mit dem Zeigefinger sanft auf den kleinen Knorpel am Ohr drückt, damit man ihn besser versteht. Ein perfider Trick der Annäherung, der erstaunlicherweise fast immer funktioniert und volle Aufmerksamkeit generiert. Dabei kommt er ihrem Ohr sehr nahe und raunt mit dunkler Stimme. Der Inhalt ist dabei einmal mehr vollkommen unerheblich. Hier geht es nur um das Wie. So fokussiert, wird die Sache dann noch teuflischer.

5. Isolieren

Auf der nächsten Eskalationsstufe wird er versuchen, sie zu isolieren. Er bittet sie in eine Ecke, wo sie mit ihm allein ist. Hier lenkt nichts mehr von ihm ab. Sie soll ganz auf ihn konzentriert sein. Der Verführer lächelt, sieht ihr tief in die Augen, versucht eine vorgetäuschte Verbindung herzustellen. Das Opfer soll den Eindruck gewinnen, es sei das wunderbarste Geschöpf auf der Erde. Es geht darum, Harmonie und Innigkeit zu simulieren. Eine künstliche Nähe, die ihr das Gefühl gibt: Wir sind uns einig, sind uns ähnlich, haben Gemeinsamkeiten, die verbinden. Kaum eine Frau kann sich vorstellen, dass Männer so etwas in Seminaren trainieren, vor dem Spiegel üben und an Frauen, die sie nicht interessieren, zunächst einmal ausprobieren, bevor sie es zum Einsatz bringen.

6. Spiegeln
Die Phase des Isolierens wird durch das sogenannte Spiegeln unterstützt, eine Technik, die vor dreißig Jahren Karrieristen in Seminare gelockt hat und heute fast zum Allgemeinwissen gehört, was allerdings nichts an seiner manipulativen Wirksamkeit ändert. Dabei achtet er auf ihre Bewegungen und ahmt diese zeitversetzt einige Sekunden später nach. Schlägt sie die Beine übereinander, wird auch er dies nach einigen Sekunden tun. Greift sie nach dem Glas, spiegelt er diese Bewegung. Fasst sie sich an die Nase, wird auch er diese Geste nachahmen. Natürlich ein wenig zeitversetzt und gut getarnt, sie soll sich schließlich nicht nachgeäfft fühlen. Er benutzt die Körpersprache, um ihr Harmonie vorzugaukeln. Man nennt das Simulationsprozess. Dabei werden in unserem Gehirn Spiegelneuronen aktiviert, wie Joachim Bauer in seinem Buch *Warum ich fühle, was du fühlst* den Stand der Forschung im Bereich der intuitiven Kommunikation sehr verständlich zusammenfasst. Diese besonderen Gehirnzellen geben uns geradezu den Befehl, das Gefühl eines anderen Menschen nachzuahmen. Jeder kennt den Effekt, wenn er ebenfalls gähnen muss, weil ein gegenübersitzender Mensch in der U-Bahn angefangen hat, den Mund aufzumachen. Spiegelneuronen lassen uns intuitiv fühlen, was ein anderer fühlt, lassen uns zur richtigen Seite in der Fußgängerzone ausweichen, wenn uns jemand entgegenkommt, und sind offenbar dafür verantwortlich, dass wir auch in der Liebe fühlen, was der andere fühlt. Wissenschaftler bestätigen, dass es möglich ist, jemanden verliebt zu machen, indem man ihm intensiv, eindringlich und

glaubwürdig das Gefühl vorspielt, selbst verliebt zu sein. Das Gegenüber wird dieses Gefühl spiegeln und sich tatsächlich verlieben.

7. Standorte wechseln
Gute Verführer wechseln beim ersten Date ständig den Platz. Wer sichergehen will, *sie* bereits am ersten Tag ins Bett zu bekommen, verabredet sich bereits am Nachmittag. Nach einem Kaffee gehen beide nach Hause, um sich für die Oper, das Theater, das Kino fertig zu machen. Dann in ein Restaurant, bevor es in eine schummrige Bar und dann auf einen Absacker nach Hause geht. Warum das so ist? Weil Untersuchungen gezeigt haben, dass Frauen im Durchschnitt nach fünf Verabredungen mit einem Mann ins Bett gehen. Dafür hat der satanische Verführer keine Zeit. Er wechselt stattdessen fünfmal am selben Tag den Ort und simuliert so viele gemeinsame Erlebnisse und damit jene Vertrautheit, die für Frauen offenbar eine notwendige Voraussetzung zur sexuellen Akzeptanz des Mannes darstellt. Die gleiche Methode funktioniert auch im Gespräch. Sie kennen das: Man sieht einen Mann im Fernsehen, der einer beliebigen Frau aus dem Publikum einen gefalteten Zettel mit einer Information darauf gibt. Nun bittet er die Dame, sich auf etwas ganz Bestimmtes zu konzentrieren und den Begriff dann zu nennen. Ergebnis: Es ist das Wort auf dem Zettel. Dieser kleine Zaubertrick funktioniert mittels Suggestion. Der perfekte Verführer kennt die Methode, er setzt emotionale Anker, um bestimmte Verhaltensmuster oder Aussagen zu provozieren. Die ein-

fachste Methode, die im Prinzip jeder Verkaufsanfänger im ersten Berufsjahr lernt, ist das Einflechten positiv konnotierter Begriffe in einer Beziehungsanbahnung, wie *gemeinsam* oder *wir*. Der Angreifer versucht letztlich einen Rapport zu seinem Opfer herzustellen.

8. Der Rapport

Gute Verführer sind gute Zuhörer. Sie können die Körpersprache eines Gegenübers erfassen, hören nicht nur, was gesagt wurde, sondern benutzen Worte des Gegenübers dann selbst. Auch das dient der Herstellung eines Rapports zwischen Angreifer und Opfer, einer subjektiv empfundenen Vertrautheit, die objektiv gar nicht gegeben sein kann.

Der perfekte Verführer stellt permanent Fragen, er fragt sein »Opfer« förmlich aus. Ziel ist es, die Dame des Interesses möglichst oft zu bestätigen. In Urlaubszielen, kulinarischen Präferenzen, Musikgeschmack oder der Frage nach Hund und Katze, wenn nichts anderes bleibt. Auf jeden dieser Inhalte wird der Verführer eine positive Bestätigung senden, die nur eines zum Ziel hat: Gemeinsamkeiten erlebbar zu machen, die es in Wahrheit gar nicht gibt. Durch sein – wenn auch nur vorgespieltes – Interesse erkennt sie sich in ihm wieder. Menschen möchten bestätigt werden, diesen einfachen Grundsatz nutzt der Verführer für sich. Man nennt diese Methode zur Herstellung des Rapports auch »Kirschen pflücken«. Sich des Denkens und Fühlens eines anderen Menschen zu bemächtigen ist die perfideste und gemeinste Form der Manipulation. Es hat etwas von

Hypnose, wenn ein Angreifer versucht, die Wünsche, Hoffnungen und Absichten eines anderen zu erahnen, sie nonverbal aus der Körpersprache zu lesen, intuitiv zu erfassen und dann passgenau emotional zu beantworten.

9. Der Hypno-Talk
Ebendiese hypnotische Verbindung treibt der Verführer jetzt auf die Spitze und geht noch tiefer. Ein simpler Trick hilft ihm dabei. Er muss nur ein Thema finden, das bei ihr offenbar emotional positiv besetzt ist. Beispielsweise Momente voller Liebe, Zuneigung, großer Gefühle. Während sie die Momente des Verliebtseins assoziiert, also durch ihre eigene Erzählung wieder hervorholt und emotional in Gedanken durchlebt, zeigt er mit einem Finger beiläufig auf sich selbst. Unbewusst passiert es nun, dass sie ihre Erlebnisse mit ihm verbindet, und zwar ausschließlich, weil er während ihrer Erzählung auf sich selbst zeigt. Das Opfer ist endgültig in die Falle gegangen.

Wir möchten nicht wahrhaben, dass wir täglich manipuliert werden, von Freunden, Lebenspartnern und im Beruf sowieso. Doch gerade dort funktioniert sie geradezu erschreckend gut, diese Mischung aus psychologischen Tricks, biologisch-chemischen Reaktionen unseres Körpers und der gezielten Ausnutzung menschlicher Muster. In der Liebe wie im Beruf, die Strukturen der täglichen Manipulation unterscheiden sich kaum. Sie gehören zum Handwerkszeug von Blendern.

2. Mobbing und Machtspiele

Wie Sie zum Opfer gemacht werden

Über die Techniken von Blendern in Bars und Clubs der Stadt, über Aufreißer und ihre stupiden Sprüche mag man lächeln. Das Handwerk der gewaltbereiten Täter im Beruf wird gleichwohl mit feinerem Werkzeug ausgeübt. Es dient dazu, Macht zu erhalten, Kontrolle auszuüben oder sich wenigstens in der Rolle als Chef auszutoben.

Und so läuft die Nummer im *Büro* ab:

1. Herabwürdigen

Es liegt im Wesen der Herabwürdigung, dass sie so ungreifbar ist: eine indirekte Aggression, ein verdeckter Angriff, eine unter dem infamen Deckmantel des Wohlwollens getarnte Attacke. Hier ein Achselzucken, dort ein Seufzen, ein abfälliges Ausatmen, ein missbilligender Blick oder eine gehässige Andeutung. Es geht darum, das Opfer zu destabilisieren. Dabei achtet der Angreifer darauf, dass niemand sonst Zeuge dieser Taten wird beziehungsweise sich diese oft auf unterschiedliche Dritte verteilen. Für sich allein genommen sind alle vorgenannten Reaktionen kein Grund, den Betriebsrat in Stellung zu bringen, aber in der nur dem Opfer und dem Täter bekannten Häufung handelt es sich selbstverständlich um einen Angriff. Aber wie sich verteidigen? Schließlich kann man jemanden schlecht auffordern, nicht so laut auszuatmen oder dieses Achselzucken zu unterlassen. Man würde sich der Lächerlichkeit preisgeben, was Teil der Gesamtstrategie des Angreifers ist.

Genau das macht die subtilen Formen der Herabwürdigung so effektiv. Nicht nur, dass das Opfer das Wesen des Angriffs schlecht Dritten beschreiben kann, es zweifelt am meisten an sich selbst, fragt sich, ob seine Wahrnehmung noch normal ist oder ob man hier nicht vielleicht doch ein wenig zu empfindlich reagierte. Einfach und effektiv ist es daher für den Angreifer, sich gegen mögliche Vorhaltungen des Opfers mit dem Satz zur Wehr zu setzen: »Meine Güte, du bist aber auch wieder mimosenhaft.« Die Zurückweisung wirkt nach, denn das Opfer ist bis dahin schon einen langen Weg gegangen, hat lange gewartet, bis es sich endlich traute, den Aufwand der Darstellung des Unaussprechlichen nicht zu scheuen und sich endlich zu wehren.

Doch auch im Verbalen, im Ausdrücklichen, dem Ausgesprochenen gibt es ähnliche Strategien. Sarkasmus, Scherze, Ironie, Spott, vermeintliches Necken und Anzüglichkeiten sind die zermürbenden Vorboten des denkbar naheliegenden Verteidigungsreflexes: »Meine Güte, du verstehst aber auch gar keinen Spaß mehr. Sei doch nicht so empfindlich!« Das sind keine Späße, und sich dagegen zur Wehr zu setzen ist mehr als geboten. Wer sich dem nicht sofort widersetzt, läuft Gefahr, dass die Sache einreißt, der

Angreifer ein Opfer gefunden hat und die sadistische Dosis seiner Quälerei langsam erhöht.

2. Üble Nachrede und Diskreditierung

In der nächsten Runde des Psychoterrors traut sich der Täter, seine Angriffe auf das Opfer offen zu führen. Zunächst in abfälligen Äußerungen gegenüber anderen, etwa über die Kleidung oder ein vermeintliches Fehlverhalten. Sobald der Angreifer sich in Sicherheit wiegt, weil es von der Gruppe keine negative Resonanz gibt, folgen direkte Angriffe, zum Beispiel sarkastische Bemerkungen, lächerliche Spitznamen oder Hinweise auf Auffälligkeiten im Hinblick auf die Arbeitsleistung. Verpackt werden diese Herabwürdigungen in der Regel als Fragen. Denn Fragen, so der Angreifer, »wird ja wohl noch erlaubt sein«. Auch beliebt, wenngleich einfallslos, ist der Hinweis darauf, dass das Opfer die hinterhältigen Angriffe doch bitte als konstruktive Kritik verstehen solle.

All das mündet schließlich in klarer Verleumdung, in übler Nachrede, intrigantem Verhalten und böswillig gestellten Fallen. Und all das öffnet die Tür für das, was ich die Technik der sadistischen Missverständnisse nennen möchte. Also Situationen aufzubauen, die das Opfer maximal schädigen sollen, aus denen sich der Angreifer aber mit den Worten »Das war alles nur ein Missverständnis« noch retten könnte. Er hält sich damit quasi ein Hintertürchen offen. Ziel der Attacken ist es, den Angegriffenen so zu destabilisieren, dass er sich deprimiert immer weiter in sich zurückzieht, einsam wird, sich verlassen fühlt.

3. Isolieren

Folgerichtig geht es dem Täter dann darum, den Angegriffenen zu isolieren und dafür zu sorgen, dass es nicht zur Fraternisierung mit Kollegen kommt, also im Betrieb Bündnisse gegen den Angreifer geschlossen werden können. Das Opfer soll dem ohnmächtigen Gefühl der Isolation ausgesetzt sein, dem Gefühl, keine Unterstützung zu erfahren, auf sich allein gestellt zu sein. Die wirksamste Methode, dies zu erreichen, ist, Neid und Missgunst zu wecken, am besten durch rivalisierende Kollegen. Die Destabilisierung wird dann ganz von selbst von jenen übernommen, die geschickt in den vermeintlichen Wettbewerb mit dem Opfer gestellt werden. Dies hat noch einen weiteren Vorteil. Der Angegriffene kann im direkten Vergleich leichter herabgewürdigt werden, die Leistung deklassiert, das Verhalten bewertet werden. Gegenmaßnahmen sind kaum möglich, denn »Sie müssen sich schon gefallen lassen, dass Ihre Leistung bewertet wird«. Der Aggressor selbst kann sich immer wieder auf die Position des vermeintlich vernünftigen Vorgesetzten zurückziehen, denn der platzierte Wettbewerber übernimmt die vom Vorgesetzten angedeutete Herabwürdigung des Kollegen und erledigt so die Schmutzarbeit.

4. Kommunikation verweigern

Jeder kennt diese Situation: Ein Gegenüber verweigert einem die direkte Kommunikation. Stellt man die Person zur Rede, leugnet sie das und schiebt dem anderen die Schuld in die Schuhe, indem er wahlweise als empfindlich, selbstbezogen oder irgendwie »immer schwierig« dargestellt wird. Natürlich ist die offene Frage an den Angreifer so zulässig wie richtig, doch erreichen wird man damit nichts. Das Versagen des unmittelbaren Gesprächs, des Kontakts und Austauschs, gehört zu den perfidesten Methoden, jemanden zu verunsichern, zu destabilisieren, ins Abseits einer Gruppe zu drängen. Für sadistische Täter gehört es zum Repertoire, zu den gut trainierten Methoden, jemanden fertigzumachen.

Ist in einer Arbeitsgruppe der direkte Austausch nötig, wird der Angreifer so lange warten, bis das Opfer aus dem Büro ist, um die Akte mit einer schriftlichen Anweisung auf den Tisch zu legen, Telefonate nicht beantworten, wenn er die Nummer erkennen kann, Anfragen auf dem Gang mit dem Unterabteilungsleiter-Abgrenzungsspruch »Ich komme auf Sie zu, Frau Schmidt« abzuwürgen versuchen.

Die Methode ist so effektiv, weil sie dem Opfer die Möglichkeit nimmt, sich zu verteidigen, den Konflikt zu benennen, zur Sprache zu bringen und damit aus der Welt zu schaffen. Eine kognitive Dissonanz, denn Opfer gehen stets davon aus, dass sich ihr Gegenüber, das schließlich ein Kollege ist, von dem man professionelles Gebaren erwartet, so rational wie man selbst verhält. Doch weit gefehlt, dem Angreifer geht es nicht um einen Konflikt, dessen Ausgangspunkt ein wie auch immer gearteter persönlicher oder fachlicher Grund wäre. Es geht ihm darum, jemanden zu erniedrigen, herabzuwürdigen, zu beschädigen, um sein Selbstwertgefühl aufzubessern. Ein Gespräch, eine Auseinandersetzung oder eine Klärung ist weder in seinem Interesse, noch dient es dem Erhalt des perversen Kontextes seiner Machenschaften, also wird er alle Versuche so perfide wie möglich zurückweisen.

Gemeiner noch, der Konflikt gewinnt dadurch sogar an Schärfe, ohne dass der Angreifer etwas dafür tun muss. Die Methode hilft ihm dabei, zu dokumentieren, dass das Opfer für ihn eine Null ist, ein Niemand, ein Nichts. Jemand, der es nicht wert ist, dass man sich mit ihm unterhält. Jemand, der es genau genommen nicht einmal verdient hat, ignoriert zu werden. Der Angreifer tut so, als wäre die Person unsichtbar. Dabei passiert aus Sicht der Kollegen nichts, niemand wird laut außer dem Opfer, wenn es nach zermürbenden Monaten die Nerven verliert. Und so kann der Angreifer einfach von seiner ablenkenden Arbeitsbelastung, Missverständnissen oder einer allgemeinen Zerstreutheit reden, sollte er tatsächlich von Vorgesetzten oder einem Anwalt zur Rede gestellt werden.

Aber die Sache wird noch gemeiner. Erfahrene Sadisten wissen um die destabilisierende Wirkung, die eine Verweigerung der Kommunikation in sich trägt. Und so streben sie danach, das Gefühl von Schuld im Opfer zu verstärken. Denn es ist ein sehr natürlicher Reflex, dass sich, wer angegriffen wird, die Frage stellt: »Was habe ich bloß getan, dass man mich so behandelt?« Die Sache folgt eben keiner Logik, sondern nur dem kranken Selbst eines Kollegen, den man vollkommen falsch einschätzt. Seine Passion ist die Schikane, bei der er sich nicht zu schade ist, das Missverständliche auf die Spitze zu treiben, indem er mit vergifteten Komplimenten dem Opfer tagelang zu denken gibt:

»Ich schätze Sie ja wirklich außerordentlich, aber Ihre Leistungen sind keinesfalls ausreichend.«

5. Schikanieren

Zeigt das Opfer keine Bereitschaft, sich zu ergeben, und haben Mitarbeiter, Belegschaft und Vorgesetzte immer noch nicht gegen die Ausgrenzung des Kollegen aufbegehrt, wird der Täter das Opfer offen zu schikanieren suchen. Tätigkeiten, für deren Erfüllung viel zu wenig Zeit ist, Aufträge, die so spät weitergegeben werden, dass die Zeit für eine fristgerechte Erledigung gegenüber dem Kunden nicht reicht, sinnlose Tätigkeiten, die in keinem Fall dem Ausbildungsstand des Opfers gerecht werden, Unterschlagung von Meeting-Terminen oder Nennung falscher Zeiten, Nötigungen, dem Unternehmen als alleinerziehende Mutter abends sehr spät oder an Wochenenden zur Verfügung zu stehen, zufällig umfallende Kaffeebecher auf Ausarbeitungen oder die Vernichtung von wochenlang erarbeiteten Materialien, die mit dem Hinweis »Brauchen wir eigentlich gar nicht mehr« vor den Augen der Belegschaft in den Papierkorb wandern.

6. Sexuell belästigen

Politisch korrekt wäre es wohl, zu sagen, beide Geschlechter sind von sexueller Belästigung betroffen. Doch es ist der alltäglichen Realität geschuldet, wenn ich mich darauf beziehe, dass diese besondere Form der Schikane in der Regel Frauen betrifft. Fast immer ist dabei der Vorgesetzte der Täter. Dessen Wesen ist es eben gerade nicht, dass man es mit einem sexuell besonders interessierten oder aktiven

Mann zu tun hat. Im Gegenteil. Für die Fummler, Spanner, Zotenreißer und Tittenglotzer ist Sexualität keine emotional befreite Zone. Eher ein dürres Vulkangebiet, dessen eruptive Ausbrüche aus den Tiefen einer durch und durch verklemmten Jugend stammen. Die Lava fließt entsprechend selten, und so sind die Übergriffe Ausweis eines maskierten Frauenhasses, der dazu dient, das Gefühl der Unterlegenheit auf Kosten von Kolleginnen und Angestellten auszugleichen.

Es geht also nicht um sexuelle Befriedigung, sondern einzig darum, Macht zu demonstrieren. Die Frau wird zum (sexuellen) Objekt degradiert und soll damit einer willkürlichen Verfügbarkeit des Täters zugeführt werden. Dabei hat der Täter dermaßen den Kontakt zur Realität verloren, ist von der Grandiosität seines Selbst so überzeugt, dass er nicht im mindesten davon ausgeht, dem Opfer könnten seine Übergriffe zuwider sein. Es kommt, wie es kommen muss, die Avancen werden zurückgewiesen, und der narzisstisch gekränkte Täter packt das Quälbesteck aus Aggression, Herabwürdigung, Schikane und Demütigung aus. Selbstverständlich wird er zunächst sein Umfeld, die Kollegen und Vorgesetzten, wissen lassen, dass nicht er, sondern das Opfer das Spiel der Verführung begonnen hat.

Die Sache scheint so alt zu sein wie das Arbeiten in Abhängigkeitsverhältnissen zwischen Mann und Frau. Dabei ist es keineswegs so, dass sich die Haltung des modernen Mannes gegenüber Frauen im Arbeitsalltag deutlich verändert hat. So gaben 30 Prozent aller Studentinnen in einer großen US-Studie zum Thema sexuelle Belästigung an, schon einmal von ihrem Professor genötigt worden zu sein. Die häufigste Methode sind abfällige Bemerkungen über das Aussehen, das Geschlecht, körperliche Merkmale; gefolgt von sexueller Aufmerksamkeit, die nicht gewünscht wird, zufälligen Berührungen, sexueller Erpressung, bis hin zum physischen Übergriff.

Die Schikane beginnt auch hier schleichend. Wie in den anderen Eskalationsstufen tasten sich die Angreifer stets vor und sehen, wie weit sie ihr Spiel treiben können. Sexistische Kommentare, vielsagende Blicke, zufällige Berührungen, zotige Bemerkungen oder derbe Scherze, all das ist ganz eindeutig sexuelle Belästigung. Diese Form der Schikane folgt einer eigenen Rhetorik. Es ist ein Idiom der Herabsetzung und Entwertung, kunstvoll montiert aus Sexismus, Verachtung, Hass und Ignoranz. Die Wirkung besteht darin, das Opfer in das grelle Scheinwerferlicht der destabilisierenden Beschämung zu stellen.

7. Fehler provozieren

Wer durch Kommunikationsverweigerung, Schikane, Herabwürdigung und Isolation in die Ecke gedrängt wurde, macht fortan Fehler. In der Logik der Angreifer ist der aufgedeckte Fehler ein Erfolg für den Täter. Er hat dann die Möglichkeit, von oben herab zu tadeln, herabzusetzen oder zu belehren. Wie viele Menschen diesem Trieb nicht widerstehen können, ist zu beobachten, wenn man einmal selbst darauf achtet, wie oft Menschen im Alltag das Bedürfnis haben, andere zu belehren, sie auf ihre Fehler hinzuweisen, sie zu korrigieren. Manchmal könnte man meinen, die Deutschen fänden geradezu eine kollektive Erleichterung darin, anderen zu erklären, wie sie ihr Leben richtig zu führen haben. Wer als Opfer durch Manipulation, Schikane und Destabilisierung unsicher wird und Fehler macht, der wird zu Recht in Wut auf den Täter, aber auch auf sich selbst, aggressiv und endlich das zeigen, was der Täter sehen will: einen aus Sicht der Kollegen vollkommen aus dem Nichts kommenden Wutausbruch, den der Angreifer nun dazu nutzen kann, das Opfer endgültig zu diskreditieren: »Ich hab's ja immer gesagt, die hat doch echt ein Problem.« Die Kollegen werden dem beipflichten, denn es bleibt für das Umfeld bei einfachen Wahrheiten, und so kann sich der Täter, ohne es zu sagen, darauf verlassen, dass die Kollegen ganz genau wissen: »Wer schreit, hat unrecht.«

Dergestalt in die Enge getrieben, wird sich ein gemobbter Arbeitnehmer immer weniger trauen, sich zu äußern, aufzubegehren, sich einzubringen. Es ist die hinterhältigste Methode, jemanden zu beseitigen, ihn kaltzustellen, mundtot zu machen und zu brechen. Funktionieren kann das nur, wenn der Vorgang auf das ganze Team, die Abteilung, das Unternehmen ausgedehnt wird, also eine Komplizenschaft des Angreifers mit den Kollegen hergestellt wird. Denn diese sind keineswegs nur hilflose Zeugen einer Tat, die sie sehr wohl erkennen. Sie sind Mittäter, schuldig im Sinne der unterlassenen Hilfeleistung. Diese unterlassene Hilfeleistung ist keine passive Straftat, sie ist eine aktive

Handlung, bei der die Standardentschuldigung, das gar nicht mitbekommen zu haben, einfach nicht zählen kann. Denn Mobbing schmerzt uns immer nur dann, wenn wir selbst betroffen sind.

3. Netzwerke und Buddy-Building

Frauenclubs, Frauennetzwerke, Frauenbündnisse – die Paralympics des beruflichen Wettbewerbs braucht kein Mensch; den damit einhergehenden organisatorischen Eifer kann man zudem besser einsetzen. Unterstützung findet diese These, wenn man betrachtet, wie erfolgreiche Frauen wurden, was sie sind. Obwohl ich zu Beginn dieses Buches auf die traurige Realität des Women on Board Index (WoB Index) hingewiesen habe, gibt es doch weit mehr Frauen in Führungspositionen, als wir wahrnehmen. Der Index erfasst sie nicht, weil dort nur die börsennotierten Unternehmen gezählt werden. Verstärkt wird die Wahrnehmung, es gäbe kaum weibliche Führungskräfte, weil die Managerinnen sich nicht so in den Vordergrund stellen wie ihre männlichen Kollegen auf gleicher Ebene. In Politik und Medien finden sich die meisten Frauen in Top-Positionen. So ist der einflussreichste TV-Manager in Europa eine Frau: Anke Schäferkordt, die erfolgreiche Leiterin von RTL und Mitglied des Bertelsmann-Vorstands ist. Kaum vorstellbar, dass sich die Managerin, wie einst ein männlicher deutscher TV-Boss, in heroischer Pose auf einem Schimmel für eine Zeitschrift fotografieren lassen würde. Im Gegenteil, der *Zeit* sagte sie in einem Interview: »Ich bin kein großer Freund von Artikeln über mich persönlich. Ich habe in meinem ganzen Leben noch keine Homestory gemacht.« Aber auch Monika Piel, Intendantin beim WDR, Dagmar Reim, Intendantin beim RBB, oder Laila Summa aus der Geschäftsleitung von Facebook und nicht zuletzt Bundeskanzlerin Angela Merkel werben durch unprätentiös sachliche und kompetente Arbeit für weibliche Karrieren.

Die Psychologin Monika Henn hat 125 dieser erfolgreichen Frauen befragt und dabei herausgefunden, dass sie in Männerdomänen eingebrochen sind und sich dort ihren Platz erkämpft haben. So zeigten die meisten Befragten schon früh Bewusstsein für Netzwerke und knüpften konsequent Kontakte zu statushohen Vertretern ihrer jeweiligen Branchen. Oftmals ging der Aufstieg folgerichtig auch mit einem Mentor oder einer Mentorin einher, die karrierebegleitend zur Seite standen. Sicherlich, Sexismus und Anzüglichkeiten stellten ein ernstzunehmendes Problem dar. Doch die üble Nachrede, sich hochgeschlafen zu haben, perlt insbesondere bei jungen Frauen ab und wird als das gesehen, was sie ist: ein perfider männlicher Versuch, eine integre Wettbewerberin abzuwerten. Dahinter verbirgt sich heute kaum noch Frauenfeindlichkeit, sondern der Wunsch, eine Mitbewerberin aus dem Feld zu schlagen. Männer müssen mit anderen Formen der Abwertung auf dem Weg nach oben leben. Und so ist vor allem gesundes Selbstbewusstsein besonders wichtig. Sich nicht beirren zu lassen, sich über die eigene Leistungsfähigkeit und Kompetenz im Klaren zu sein und das auch deutlich zu sagen stellt laut Henn ein wesentliches Merkmal der Top-Frauen im Job dar. Dazu gehört auch, mit Misserfolgen umgehen zu können, das eigene Scheitern nicht persönlich zu nehmen und sich dem männlichen »Trial and Error« anzuschließen, also weniger Sorge, Besonnenheit und Vorsicht und mehr mutiges Experimentieren, Furchtlosigkeit und Angriffslust. Letzteres könnte man fast als zentrales Kompetenzmerkmal weiblicher Erfolgskarriere bezeichnen – die Lust am Wettbewerb, wenigstens das Aushalten von Konkurrenz. Tatsächlich weisen Studien – wie schon im ersten Teil des Buches zitiert – nach, dass Frauen sich offenbar weit weniger bereitwillig dem Wettbewerb stellen, als Männer dies tun. Und einen weiteren Nachteil bringen Frauen mit: Sie sind weitaus selbstkritischer und hinterfragen offenbar ihr eigenes Verhalten deutlicher als Männer, wie Henn in ihrer Untersuchung darlegt. Daraus resultiert das subjektive Gefühl, mehr leisten zu müssen als Männer. Unsicherheit, Selbstkritik und Selbstzweifel, davon sind viele Männer vollends befreit. Schlimmer noch, viele profitieren davon, eine »Overfulfillerin«, also eine Mitarbeiterin zu haben, die mit Verantwortungsbewusstsein und dem Anspruch auf Perfektion »den Laden schmeißt«.

4. Chuzpe haben

»Learn to bullshit«

Beruf ist Wettbewerb, Konkurrenz und, je höher man auf der Leiter steigt, durchaus auch ein Kampf mit unschönen Mitteln. Dem hat man sich zu stellen, Männer wie Frauen gleichermaßen. Doch sind Frauen, offenbar auf natürliche Art und Weise, bedeutend teamfähiger, viel bereiter als Männer, in einer Gruppe etwas zu leisten und damit auch anderen aktiv zuzuarbeiten. Das gilt insbesondere in der modernen Team- und Projektarbeit, die diesen Effekt auch noch verstärkt. Die Sache hat allerdings einen Haken. Die talentierten Team-Mitarbeiterinnen verschwinden in der Gruppe, werden unsichtbar, sind nur eine von vielen. Genau das behindert die Karriere. Wer nach oben will, muss aus der Gruppe hervortreten, den Vorstandsvorsitzenden im Aufzug anquatschen, sich zufällig ein Ticket neben ihm in der Frühmaschine nach Hamburg buchen, wie das eine Bekannte von mir tat, sich bei Vorträgen auf das Podium stellen und nach dem Seminar an der Bar am Unterhaltungsprogramm teilnehmen.

Die Sache ist simpel. Frauen stellen bei der Bewertung durch Vorgesetzte das Team in den Vordergrund, möchten

»fair« sein und den Erfolg dem gesamten Team zuschreiben lassen. Männer schreiben sich den Erfolg selbst dann gern auf die Fahne, wenn sie mit der eigentlichen Leistung denkbar wenig zu tun hatten, aber durch einen glücklichen Umstand in die Situation kommen, die Ergebnisse zu präsentieren oder an ihnen teilhaben zu können.

Vergessen Sie es sofort wieder, wenn Personalchefs und sonstige Experten Ihnen weismachen wollen, dass derjenige befördert wird, der die höchste soziale Kompetenz mitbringt. Das ist eine Lüge. Es wird befördert, wer sichtbar ist und sich hervortut; befördert wird, an wen man sich erinnert. Das muss nicht notwendigerweise die kompetenteste Person in der Firma sein. Also: Auffallen lautet die Devise! Selbst wenn es durch Ihr Äußeres ist – was die meisten Frauen ablehnen, weil sie durch »echte Leistung« überzeugen wollen. Aber warum denn eigentlich nicht? Der Wettbewerb um die wenigen Plätze ist groß, da dürfen alle Mittel recht sein. Dazu gehören auch Kontakte von Freunden, Eltern und Mentoren. Denn die Vergabe von Positionen, sie ist weitaus weniger »akademisch«, als man das so meint. Vielmehr ist es der Name, das Gesicht, das einem Mitglied der Geschäftsleitung in den Sinn kommt, wenn es eine Position zu besetzen gilt. Alles, was Sie erreichen wollen, ist, dass man sich an Sie erinnert. Dazu muss man, wenn sich die Gunst der Stunde ergibt, den Mut haben, sich in den Raum zu stellen und zu sagen: »Ich bin die Beste dafür, ich will den Job!« Und wenn Sie das Gefühl beschleicht, die Stelle könnte eine Nummer zu groß für Sie sein, dann geben Sie doch einfach einmal die Verantwortung ab und lassen Ihren Vorgesetzten dies getrost für Sie entscheiden. Immerhin besser, als später wieder zu lamentieren, dass der (männliche) Kollege, der die Stelle jetzt innehat, auch nicht mehr »draufhat« als Sie selbst.

5. Kinder, Karriere, Kontrolle

Freiheit, die ich meine

Bei den Arbeiten zu diesem Buch habe ich mich gefragt, wie Frauen mit Familie es überhaupt zeitlich und organisatorisch schaffen, in Top-Positionen zu kommen, wenngleich schon meine Mutter sagte: »Willst du es erledigt bekommen, geh zu einer Mutter mit drei Kindern.« Doch galt zur Zeit meiner Kindheit noch der Spruch »Kinder, Küche, Kirche«. Diese klassische Rollenverteilung hat sich in den letzten dreißig Jahren gewaltig verändert.

Die Arbeitskultur unserer Gegenwart ist nicht frauenfeindlich, sie ist menschenfeindlich. Arbeitszeiten von zwölf oder gar vierzehn Stunden pro Tag werden als normal angesehen, dazu kommen die extremen Anforderungen an die Mobilität und die permanente Erreichbarkeit per E-Mail und SMS. Antwortet man nicht innerhalb von zwei bis drei Stunden, kommen sofort Beschwerden. Der Druck ist erheblich. Die vielzitierte »gläserne Decke«, an der talentierte, bestens ausgebildete Frauen beim Aufstieg in die Top-Etage »hängenbleiben«, muss man sich als eine Konstruktion aus vielen einzelnen Glasbausteinen vorstellen, mit denen man in den sechziger Jahren das Treppenhaus von Einfamilienhäusern verglast hat. Demnach sind es viele Faktoren, die für die geringere Quote von Frauen in Spitzenpositionen verantwortlich sind. Darunter auch jene Anforderungen, die unsere moderne Arbeitswelt mit ihrer Komplexität, der Abrufbarkeit, der bedingungslosen Auslieferung an einen Arbeitgeber mit sich bringt, sind ein gewichtiger Baustein dieser Glasdecke.

So sind Sie sind nicht gleich eine Eva Herman der Arbeitswelt, eine Ewiggestrige, wenn Sie sich aus guten Gründen gegen diesen massiven Eingriff in Ihr Leben entscheiden; wenn Sie den Wandel zu »Kinder, Küche, Karriere« verweigern oder ihn gern verweigern würden. Es ist Ihr ganz persönliches Votum gegen eine real existierende Doppelbelastung, vor deren Erfüllung die meisten Männer kapitulieren würden. Nach einer Studie des Wissenschaftszentrums für Sozialforschung in Berlin wollen 90 Prozent aller jungen Frauen auf eigenen Beinen stehen und selbständig sein, drei Viertel aller Befragten Verantwortung in Beruf und Gesellschaft übernehmen, aber nur 16 Prozent geben an, der Meinung zu sein, Beruf und Familie ließen sich miteinander verbinden.

Aufgrund des demographischen Wandels wird ein Modell gebraucht, das Frauen tatsächlich hilft, beides zu verbinden. Einer der Bausteine wird eine wachsende Beteiligung von Männern an Erziehung, Hausarbeit und Alltagsorganisation sein. Stellen sich Männer weiterhin nur scheinbar und nicht tatsächlich auf diese veränderte Realität ein, droht die Gefahr, dass Frauen am Ende vollends »ihr Ding« allein durchziehen. Denn das Rollenverständnis von Männern und Frauen, es driftet in dramatischer Weise auseinander. 80 Prozent der Kerle hängen nach Aussage derselben Studie einem sehr herkömmlichen Rollenmodell an. Wichtigstes Kriterium bei der Partnerwahl: gutes Aussehen, dicht gefolgt von schlank, markenbewusst und heiratswillig. Tenor: Er geht zur Arbeit, sie kümmert sich um die Kinder. Nicht nur das. Immer mehr Frauen leben ungeniert diesen antifeministischen Traum, sodass sich die Autorin Bascha Mika im ersten Satz ihres Buches *Die Feigheit der Frauen* fragt: »Was ist bloß mit uns los?« Ich möchte nicht uncharmant sein, aber sie meint wohl »Was ist mit den Frauen los, die dreißig Jahre jünger sind als ich?«. Diese Altersgruppe schmeißt nämlich das Diktat der selbstbestimmten Karriere über Bord und verabschiedet sich von früheren Wünschen und Ambitionen. Mika, deren ideologische Diktion erkennbar auf den Werten einer Frauengeneration der sechziger Jahre fußt, schreibt dazu: »Je öfter mir dieses Modell begegnete, desto größer mein Unbehagen. Überall sah ich Frauen, die in meinen Augen weit unter ihren Möglichkeiten blieben, die ihre Kraft und Fähigkeit vergeudeten. Meine Fassungslosigkeit wuchs und damit auch mein Zorn.« So hatten sich die Aktivistinnen die »freie Selbstbestimmung« von Frauen nicht vorgestellt. Doch vor allem junge Frauen nehmen sich die Freiheit, selbst zu entscheiden, was gut für sie ist. Das erfordert nicht zuletzt die Akzeptanz einer wortgewaltigen, ideologisch einflussreichen Frauengruppe, die freie Entscheidung für ein herkömmliches Rollenmodell als selbstgewählt zu akzeptieren.

Welches Lebensmodell auch immer, die Schlussfolgerung kann nur lauten, dass wir alle das Selbstbewusstsein und die Ambitionen gerade von jungen Frauen vollkommen falsch deuten. Über den verklärten Rollenverständnissen und den Dogmen ihrer Mütter haben junge Frauen längst Lebenskonzepte für sich entworfen. Männer spielen darin nicht die Hauptrolle. Ihre Maxime lautet längst: »Kinder, Karriere, Kontrolle«.

6. Karriere ohne Kerl

Downdating ist keine Lösung

Erfolg macht Männer sexy und Frauen einsam. Es ist ein nicht zu leugnendes Dilemma, dass eine deutliche Diskrepanz zwischen den als politisch korrekt ausgegebenen und den tatsächlich gelebten Rollenmodellen in unserer Gesellschaft besteht. Richtig ist, dass Männer sich einer zeitgemäßen Verteilung der Aufgaben in einer Partnerschaft verschließen, auch wenn sie anderes sagen. Richtig ist aber auch, dass Frauen nach wie vor in Befragungen angeben, einen starken Mann zu bevorzugen, jemanden, zu dem sie aufsehen können, der ihnen etwas zu sagen hat.

Umgekehrt weiß meine Freundin Mariechen zu berichten, dass sich Männer sofort zurückziehen, wenn sie erfahren, dass sie Prof. Dr. Dr. ist, und dann leider nie wieder von sich hören lassen. In ihrer Not ist sie schon dazu übergegangen, vorzugeben, sie sei Krankenschwester, was ihre Chancen zumindest in der Kennenlernphase deutlich erhöht. Insbesondere die Blender unter den Galanen haben keinerlei Interesse daran, sich mit einer Frau zusammenzutun, die rasch aufdecken würde, dass der Mann mit dem Porsche-Schlüssel, den gegelten Haaren und der beindruckenden Unternehmerstory vom Vorabend nicht die Substanz mitbringt, die er darzustellen versuchte. Die Sache verschlimmert sich, wenn Marie ihr PS-starkes Cabrio aus der Garage holt und von ihrem Ferienhaus in Tirol erzählt. Da ist die Kontaktanbahnung meist sofort beendet.

Denn hinter der Partnersuche steckt ein uraltes Muster, das wir als moderne Zeitgenossen gern leugnen würden, das Feministinnen auf die Palme bringt und von Männern wie Frauen als Anachronismus betrachtet wird: Der Mann gibt den starken Ernährer und die Frau die schöne Mutter der potenziellen Kinder. Das Problem liegt darin, dass viele Frauen eine eigene Karriere planen und erfolgreich und selbständig ihr eigenes Geld verdienen. Bei Männern provoziert das nicht nur die Frage: »Wofür brauchen die uns eigentlich noch?« Schlimmer, es hat die Konsequenz, dass Männer sich einfach entziehen und mit der Sekretärin, der Krankenschwester, der Einzelhandelskauffrau glücklich werden. Es braucht schon einen sehr starken Kerl, wenn *sie* ihm dauerhaft beruflich überlegen ist. Einen Mann, dessen Selbstbewusstsein es erträgt, dass sie die wirtschaftlichen Ansagen macht. Das ist selten. Die Realität ist von einsamen Karrierefrauen geprägt, die zwar samstags mit Freunden die Leere auszufüllen wissen, aber sonntags allein sind und dann Datingplattformen im Internet bevölkern.

Je höher Frauen aufsteigen, desto geringer die Auswahl an interessanten, verfügbaren Männern. Das hat mehrere Gründe. Zum einen sind Frauen, die es gewohnt sind, im Job den Zerberus zu geben, auch im Privaten anspruchsvoll. Der Mann muss gut aussehen, erfolgreicher sein als sie selbst, gebildet, kulturell interessiert, er darf keine Altlasten haben, also keine Kinder und eine Exfrau. Humorvoll sollte er auch sein und sowieso wirtschaftlich auf eigenen Beinen stehen. Schließlich will man keinen Verlierer durchfüttern. All das engt die Auswahl schon gewaltig ein.

Aber die Sache hat auch einen ganz praktischen Teil, das Alter. So, wie Frauen einen Mann suchen, der ihnen mindestens das Wasser reichen kann, orientieren sich Männer an der Jugend ihrer möglichen Partnerinnen. Erst kürzlich berichtete mir ein Freund bewundernd von einem anderen, erfolgreichen Bekannten im gleichen Alter (Anfang fünfzig), dass der nun eine sechsundzwanzigjährige Freundin habe. »Wahnsinn!«, sagte er mit glasigen Augen tiefster Bewunderung. Damit fallen Frauen, die nach dem Studium und einigen Jahren in Beruf und Karriere so mit Ende dreißig das Thema Partnerschaft ins Visier nehmen, deutlich aus dem Suchraster jener Männer, die möglicherweise dafür in Frage kämen.

Und zu guter Letzt ist es eine veritable Tatsache, dass sich männliche Singles, die erfolgreich und gut aussehend sind, nicht selten entweder als Blender mit geliehenen Statussymbolen, als schwul oder als vollkommen beziehungsunfähig erweisen. Bindungsfähige Männer haben offenbar in der Regel entweder mit sechsundzwanzig schon ihre Jugendliebe oder mit dreiunddreißig die kleine Süße aus der Buchhaltung geheiratet.

Welche Perspektive haben Frauen also, wenn ihnen ein Coach mit Ende dreißig vom Charme des »Downdatings« erzählt, von der gezielten Suche nach einem Mann also, der hinsichtlich der eigenen Ambitionen, der intellektuellen und wirtschaftlichen Potenz deutlich hinter ihnen selbst zurückliegt? Dass das weibliche Vorstandsmitglied und der brotlose Künstler eine erfüllte Beziehung leben könnten, funktioniert in der Praxis einfach nicht. Die arrangierte Ehe verkehrt herum, Damenwahl als letztes feministisches Statement, scheint kein Konzept zu sein, das tatsächlich von jemandem gelebt werden will. Die Befreiung scheitert an den Gefangenen selbst, könnte man meinen. Kaum ein Mann – sicherlich gibt es Ausnahmen – kommt damit klar, wenn ihn seine Partnerin dauerhaft überflügelt. Dafür ist das männliche Ego zu groß und das Selbstwertgefühl zu schwach. In Zahlen ausgedrückt: Während deutlich weniger als 50 Prozent der weiblichen Führungskräfte in einer Partnerschaft oder Ehe leben (bei Topmanagerinnen sind es sogar weniger als 25 Prozent), sind 90 Prozent der Männer auf den gleichen Etagen verheiratet, 80 Prozent haben Kinder.

Eine einfache Lösung gibt es für dieses Problem nicht. Frauen, die eine Managementposition anstreben, müssen zu Beginn ihrer Karriere wissen, worauf sie sich einlassen. Entweder sie akzeptieren, dass es für sie mit jedem Jahr schwerer und unwahrscheinlicher wird, einen passenden Kerl zu finden, und ertragen die Einsamkeit des eigenen Erfolgs. Oder sie entscheiden sich, zur Verzweiflung von Personalchefs und Feministinnen, konsequent gegen die Karriere und für einen konventionellen Lebensweg. Aus meiner persönlichen Beobachtung haben jene Frauen das Thema am glücklichsten und zur eigenen Lebenszufriedenheit für sich gelöst, die relativ früh, also im Studium oder kurz danach, den Kommilitonen, den Kollegen, den Schulfreund geheiratet und sich für eine feste Partnerschaft entschieden haben.

Die Einsamkeit der Top-Frauen ist ein Tabu, eine totgeschwiegene Realität. Sie passt nicht in unser modernes Frauenbild. Einsamkeit ist andererseits gnadenlos politisch unkorrekt. Sie brennt die Lust am Leben, die Freude am Erfolg hinweg. Damit ist das Thema Partnerschaft ein weiterer Glasbaustein in der unsichtbaren Glasdecke, die Frauen vom Aufstieg in Top-Positionen abhält, wenn auch indirekt.

7. Blendern begegnen

So booten Sie Blender aus

Warum schaffen es die Schauspieler, Leistungsdarsteller, Inhaltssimulanten, die Bluffer, Mogler, Hochstapler, Luftpumpen, Komödianten, Schwindelhuber, Glücksritter, Flitzpiepen, Schlitzohren, Gaukler, Münchhausen, Windbeutel, Falschspieler, Bauernfänger, Kopisten, Plagiatoren, Heuchler und wehenden Fähnchen immer wieder, uns mit verdrehten Tatsachen und erschwindelten Geschichten für dumm zu verkaufen, hinters Licht zu führen, uns etwas weiszumachen oder gemein auszutricksen?

Die Gegenwehr bei Blendern beginnt immer in einem selbst. Denn wer uns erfolgreich etwas vormacht, der hat intuitiv einen »weißen Fleck« bei uns entdeckt, der es ermöglicht, dass wir uns blenden lassen. Vielleicht ist es das Gefühl, gemocht zu werden, das Lob für eine Leistung, der wir uns gern rühmen möchten, etwas Glanzvolles, was wir gern in uns selbst sähen, ein anziehendes Äußeres oder ein Auftreten und eine Stimme, die uns ein Signal senden, das wir aus der Prägung unserer Erfahrungen heraus falsch deuten.

Voraussetzung dafür ist oftmals diese scheinbar große

Portion Selbstgewissheit, die wir an uns selbst auch gern sähen. Sie schafft das Vertrauen, um uns in den Bann zu ziehen, unsere Aufmerksamkeit zu wecken, untermalt von einer Prise Arroganz, die dabei hilft, zu verdecken, dass es sich nur um einen begabten Selbstdarsteller handelt, der uns da blendet.

Wir alle lieben Blender und machen es ihnen unglaublich einfach. Denn wir sind nicht nur Opfer, sondern auch passive Täter. Frechheit siegt bekanntlich, doch die Dreistigkeit, mit der Blender vorgehen, ist nur *ein* Teil der Geschichte. Der andere Teil hat damit zu tun, wie schnell wir bereit sind, auch zu glauben, was uns da erzählt wird. Wie schnell wir aus Bequemlichkeit ausblenden, was eigentlich hinterfragt werden müsste, wie leichtfertig wir die Realität leugnen und Gefallen an einer Geschichte finden, die sich bei näherer Betrachtung dann sehr schnell als absurd erweisen würde. In der TV-Sendung *Undercover Boss* geht ein Bäckereichef eher schlecht verkleidet in seinen Betrieb, um einmal inkognito nach dem Rechten zu sehen. Der ihm bestens bekannte Werksleiter öffnet die Tür, erkennt ihn jedoch nicht. Ganz im Gegensatz zu einer jungen Arbeiterin, die gut hinsieht und den Chef sofort identifiziert. Auf die Frage, warum er den Geschäftsführer, mit dem er seit Jahren eng zusammenarbeitet, nicht als diesen erkannt habe, sagte der Werksleiter: »So sieht doch kein Chef aus, in Jeans und mit so langen Haaren.« In Wirklichkeit hat ihn der Besucher nur nicht interessiert, wurde dieser als irgendein Praktikant schnell als unwichtig ignoriert.

Der erfolgreiche Blender kann also nicht nur auf die mangelnde Bereitschaft seiner Opfer, hinzusehen, bauen, sondern darauf setzen, dass wir gern in bequemen Klischees denken und möglichst wenig hinterfragen wollen. Deshalb werden Blender meist nicht bloßgestellt oder überführt. Die Opfer schämen sich, einem so billigen Trick auf den Leim gegangen zu sein. Blender und Betrüger sind wahre Meister darin, den Menschen zu erzählen, was sie hören wollen. So trat in der Talkshow *Anne Will* der Millionenbetrüger Jürgen Harksen auf, der Prominente wie Udo Lindenberg, Dieter Bohlen und andere um große Teile ihres Vermögens geprellt hatte und dann nach Südafrika geflüchtet war. Harksen, ein verurteilter Krimineller, hatte das Publikum schnell im Griff, es wurde begeistert applaudiert. »Alles halb so schlimm«, war die gefühlte Stimmung. Ihm gegenüber saß – mutig immerhin – der FDP-Europa-Abgeordnete Jorgo Chatzimarkakis, der sich nicht nur für seine eigene, in Teilen abgeschriebene Promotion rechtfertigen sollte, sondern man erwartete von ihm auch, sich für die Doktorarbeiten von Karl-Theodor Freiherr zu Guttenberg und Silvana Koch-Mehrin fremdzuschämen. Applaus bekam Jorgo Chatzimarkakis nicht, er erntete nur frostiges Schweigen. Das Publikum bewertete die Befragung, in der es um richtig gesetzte Anführungszeichen und methodische Schwächen bei der Erarbeitung seiner Promotion ging, als gravierender denn den Millionenbetrug von Harksen. Anders gesagt, Chatzimarkakis würde immer wieder auffliegen, und Harksen könnte wiederholt Menschen betrügen, selbst wenn diese von seiner kriminellen

Vergangenheit wüssten. Mancher Zuschauer hätte womöglich noch gleich nach der Sendung bei ihm etwas gekauft.

Im beruflichen Kontext geht es weniger um direkte Vermögensschäden als um die Frage, warum es vor allem männlichen Kollegen so oft gelingt, mit großer schauspielerischer Leistung überdurchschnittliche Aktivität und Engagement vorzugaukeln und damit dann Lob, Anerkennung und oft auch noch eine Beförderung einzuheimsen, obwohl das den zumeist weiblichen Mitarbeitern zustünde, die tatsächlich die Arbeit erledigt haben. Gute Teamleiter, Vorgesetzte und Chefs zeichnen sich vor allem dadurch aus, dass sie die Mechanismen der Blender und Schaumschläger durchschauen, dass sie sich nicht blenden und einwickeln lassen und damit für Gerechtigkeit im Team sorgen. An den folgenden fünf Verhaltensweisen können Sie Trickser entlarven; wenigstens misstrauisch sollten Sie diese Zeichen machen:

1. Prestige

An inhaltlichen Details sind Blender ebenso wenig interessiert wie am Studium von Akten. Das Prestige eines Projektes, die PR, der Auftritt, die Präsentation ist ihnen wichtiger als die tatsächlichen Ziele, die das Unternehmen oder das Team mit der Maßnahme erreichen wollen.

Gegenmaßnahme: Delegieren von Maßnahmen untersagen, Aufgabenverteilung klar festlegen, konkret nachfragen, welche Maßnahmen wirklich ergriffen wurden und wer daran beteiligt war. Hellhörig werden, wenn sich ein Mitarbeiter gegenüber Kunden, Mitarbeitern, Vorgesetzten mit Ergebnissen aus Projektschritten brüstet, und dieses Verhalten in der Gruppe thematisieren.

2. Risiko

Blender scheuen jegliches Risiko. Ihr einziges Ziel ist der Macht- beziehungsweise Versorgungserhalt bei minimalem persönlichem Aufwand. Ihr Leben wird bestimmt durch die Angst, dabei aufzufallen, entdeckt zu werden. Wird es konkret, dann antworten sie mit Entschuldigungen, Ausflüchten, wichtigen anderen Tätigkeiten oder sind einfach abwesend. Kommt es hart auf hart, scheuen sie nicht einmal das vergiftete Lob und schlagen Kollegen vor, die für den Job angeblich viel qualifizierter seien. Zumeist hatten sie aber gerade »zu viel zu tun« oder ein zu geringes Budget, um die Aufgabe zu erfüllen.

Gegenmaßnahme: Nachhaken, Details hinterfragen, bis es schmerzt, Zeitaufstellungen durchsehen, konstruktiv das Zeitmanagement des Blenders analysieren, Einwände beurteilen, konkrete schriftliche Vorschläge machen lassen.

3. Rücksichtslosigkeit

Wer sich nicht scheut, durch die Arbeitsleistung von Kollegen Karriere zu machen, den kann man per se als rücksichts- und skrupellos bezeichnen. Schaumschläger und Kopisten sind sie nicht nur im beruflichen Alltag. Dieser Wesenszug wird an vielen Stellen als Ausdruck der Persönlichkeit sichtbar. Nach oben buckeln und nach unten treten, die Leistung anderer herabwürdigen und schlechtmachen, um sich vorteilhafter darzustellen, Vorgesetzte vollsülzen und ihnen stets mit serviler Höflichkeit begegnen, das sind Anzeichen für einen professionellen Blender. Gut beobachten kann man sie in der Kantine, am Empfang, beim Feierabendbier in der Kneipe. Nur Windbeutel, Hochstapler und Möchtegernchefs meinen, etwas Besseres darzustellen, wenn sie das Kantinenpersonal abfällig behandeln, zur Empfangsdame arrogant sind, den Hausmeister ignorieren oder die Kellnerin in der Kneipe als Bedienstete behandeln. Schon Altkanzler Helmut Kohl wusste: »Wer den Pförtner nicht grüßt, kann nicht Bundeskanzler werden.«

Gegenmaßnahme: Mit gutem Beispiel vorangehen. Pflegen Sie einen höflichen Umgang, betont freundliches Auftreten gerade gegenüber jenen, die im Unternehmen dankenswerterweise die undankbaren Aufgaben übernommen haben. Loben Sie deren Engagement, und entwickeln Sie für Schleimattacken einen feinen, aber vernehmbaren Humor.

4. Konjunktiv

Die Scheinwelt der Blender, sie findet in der Sprache ihren Ausdruck, ihre bevorzugte Form ist der Konjunktiv. Man müsste, man könnte, man sollte, das sind die Einleitungen, mit denen Schwätzer ihre Sätze einleiten. Grund ist die Angst, später im wahrsten Sinne beim Wort genommen werden zu können. Sich bloß nicht festlegen, immer ein Hintertürchen offenhalten, keine Verantwortung für irgendetwas übernehmen! Geht etwas schief, sind stets die anderen schuld, schließlich hat man rechtzeitig auf die Gefahren hingewiesen. In Banken und Behörden tritt diese Sorte Blender als der »Ich habe Bedenken«-Mann in

Erscheinung. Seine Waffe sind die gelben Post-it-Klebezettel, auf denen er Vorlagen und Entschlüsse, Konzepte und Ausarbeitungen mit dem Satz »Ich habe Bedenken« kennzeichnet.

Gegenmaßnahme: »Wer schreibt, der bleibt« sollte das neue Credo Ihrer Abteilung sein. Gnadenloses Festnageln durch schriftlichen Umlauf, E-Mail-Korrespondenz, handgeschriebene Stellungnahmen und gefaxte Anfragen. So bitter es klingt, aber auch das Setzen von schriftlichen Fristen wird die Schwächen des Kollegen sehr schnell offenbaren.

5. Opportunismus

»Not invented here«, das heißt »nicht von uns entwickelt«, und so nennen die Amerikaner die Schutzbehauptung bei fehlender Innovationsbereitschaft und gleichzeitiger Abwertung von Ideen Dritter in einer Organisation. Entweder werden die Vorschläge von Kollegen ignoriert oder als »nicht durchführbar« – »Hatten wir vor Jahren schon einmal versucht« oder »viel zu aufwendig« – abgeblockt. Im einfachsten Fall interessieren sich die Firmen-Münchhausens gar nicht für vorgetragene Lösungen, weder von Vorgesetzten noch von Mitarbeitern. Geradezu faszinierend, wie sie es immer wieder schaffen, selbst Anweisungen von oben einfach ins Leere laufen zu lassen, und dem Vorschlag, der Initiative, dem Konzept damit durch Arbeitsverweigerung die Durchsetzung versagen.

Gegenmaßnahme: Gruppengespräch mit genauer Analyse, wo welcher Vorschlag hängengeblieben ist. Präzises Nachfragen, warum der externe Vorschlag nicht aufgenommen wurde, welche Gründe konkret dagegensprachen. Gruppendruck gegen den Kollegen in Stellung bringen, der dessen passive Verweigerungshaltung offenlegt. Forderung, andere Meinungen einzuholen, gegebenenfalls einen Berater oder einen Kollegen aus einer anderen Abteilung mit einer »externen« Analyse zu beauftragen.

Die Abwehr von Blendern gelingt am besten im Team. In solchen Gruppen zu arbeiten bietet viele Vorteile. Doch diese moderne Arbeitsform darf nicht jenen zum Vorteil gereichen, die sich auf Kosten der anderen Teammitglieder ungefragt aus der Gruppe erheben und die Leistung des Teams geschickt, aber unberechtigt für sich reklamieren. Dazu gehört, Mitarbeiter zu fördern und zu befördern, die gute Leistungen zeigen, und nicht solche, die wie ein Chef auftreten oder nur gut reden können. Dazu gehört, Widerspruch zu fördern und jene anzuspornen, die sich streitbar zeigen. Und letztlich gehört dazu, teamorientierte Vergütungssysteme zu entwickeln, die Frauen gerecht werden, die, wie Studien zeigen, deutlich bereitwilliger in Arbeitsgruppen Leistungen erbringen. Das erfordert Alternativen zu den herkömmlichen Vergütungsschemata, die männliche Kollegen ersonnen haben, deren Fokus auf die Spitzenleistung des einsamen Wolfs gerichtet ist.

Die »Frauenquote« ist dabei jene Aktivierungsenergie, die unsere Gesellschaft ganz offenbar benötigt, um die Bausteine des unsichtbaren Glasbodens weiblichen Karrierescheiterns abzubauen. Ich bin dafür.

Kleiner Trost

Wenn Sie wieder einmal jemand überholt hat, der Ihnen objektiv nicht das Wasser reichen kann, dann mag ein Trost für Sie sein:

Auf dem Weg zu sich selbst
gibt es keine Abkürzungen.

Es sind die vollen Ähren, die den Kopf neigen.
Nur die leeren tragen ihn oben.

Japanisches Sprichwort

Diskutieren Sie wieder mit mir
auf der Blogseite
www.blender-buch.de

oder schreiben Sie mir unter
autor@blender-buch.de

Register

C

D

G

H

I

J

K

L

T

U

V